東進

共通テスト実戦問題集
地学基礎

BASIC EARTH SCIENCE

別冊 問題編
Question

JN113980

東進ブックス

東進

共通テスト実戦問題集
地学基礎

BASIC EARTH SCIENCE

問題編
Question

東進ハイスクール・東進衛星予備校 講師
青木 秀紀
AOKI Hideki

 東進ブックス

目次

巻末マークシート

東進　共通テスト実戦問題集

第 **1** 回

理 科 ① 〔地 学 基 礎〕 $\left(\text{50 点}\right)$

注 意 事 項

1　解答用紙に，正しく記入・マークされていない場合は，採点できないことがあります。特に，解答用紙の解答科目欄にマークされていない場合又は複数の科目にマークされている場合は，0点となります。

2　試験中に問題冊子の印刷不鮮明，ページの落丁・乱丁及び解答用紙の汚れ等に気付いた場合は，手を高く挙げて監督者に知らせなさい。

3　解答は，解答用紙の解答欄にマークしなさい。例えば，　10　と表示のある問いに対して③と解答する場合は，次の (例) のように**解答番号10の解答欄の③にマーク**しなさい。

(例)

解答番号	解　　　　答　　　　欄
10	① ② ❸ ④ ⑤ ⑥ ⑦ ⑧ ⑨ ⓪ ⓐ ⓑ

4　問題冊子の余白等は適宜利用してよいが，どのページも切り離してはいけません。

5　**不正行為について**

①　不正行為に対しては厳正に対処します。

②　不正行為に見えるような行為が見受けられた場合は，監督者がカードを用いて注意します。

③　不正行為を行った場合は，その時点で受験を取りやめさせ退室させます。

6　試験終了後，問題冊子は持ち帰りなさい。

地 学 基 礎

$$\left(\text{解答番号}\boxed{1}\sim\boxed{15}\right)$$

第1問 次の問い(**A〜C**)に答えよ。(配点 24)

A 地球の活動に関する次の問い(**問1・問2**)に答えよ。

問1 地球の内部について述べた文として最も適当なものを,次の①〜④のうちから一つ選べ。　$\boxed{1}$

① 海洋地域ではモホロビチッチ不連続面の上を厚さ10 km程度のプレートが動いている。

② 大陸地域ではプレートが厚く,アセノスフェアと一体化して動いている。

③ 海洋地域では海溝から離れるほどリソスフェアの厚みは薄い。

④ 大陸地域・海洋地域ともにプレートの一部が溶けて流動性が高くなっている。

問2　地震と断層に関する文の組合せとして最も適当なものを，次の①～④のうちから一つ選べ。　2

	地震の活動周期について	活断層の定義について
①	プレート内地震の周期は100～200年程度である	最近数十万年間に繰り返し活動した証拠がある断層
②	プレート内地震の周期は数千～数万年程度である	最近数十万年間に繰り返し活動した証拠がある断層
③	海溝型地震の周期は100～200年程度である	古第三紀以降に繰り返し活動した証拠がある断層
④	海溝型地震の周期は数千～数万年程度である	古第三紀以降に繰り返し活動した証拠がある断層

B 特徴的な地形に関する次の図 1 の模式図**ア〜エ**を参照し，後の問い(**問 3・問** 4)に答えよ。

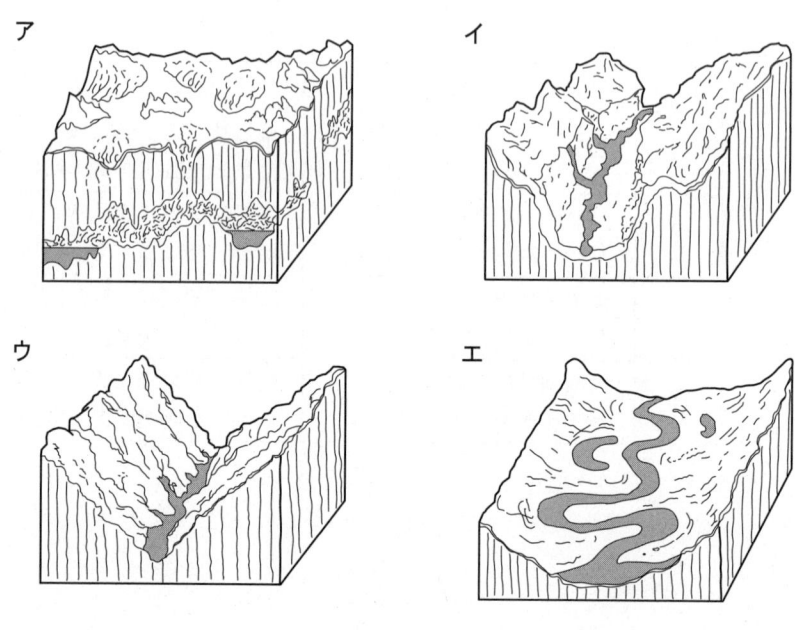

図 1

問3 地形と堆積物に関する文として最も適当なものを，次の ① ～ ④ のうちから一つ選べ。 3

① アはカルスト地形と呼ばれ，石灰岩地域にしばしば見られる地形である。

② イは氷河地形の一種であり，氷河による堆積(たい)作用でできた地形である。

③ ウは扇状地と呼ばれ，河川による下方侵食でできた地形である。

④ エは比較的傾斜があり，流れの速い河川による側方侵食でできた地形である。

問4 大陸棚には，河川によって運ばれた堆積物が多数見られ，時として海底地滑りによってこれらの堆積物は深海底へと運ばれる。長い年月をかけて深海底に堆積した構造として最も適当なものを，次の ① ～ ④ のうちから一つ選べ。なお，各層の厚さは実際の厚さを表すものではなく，堆積にかかる時間の大小を表している。また，地層の逆転はない。 4

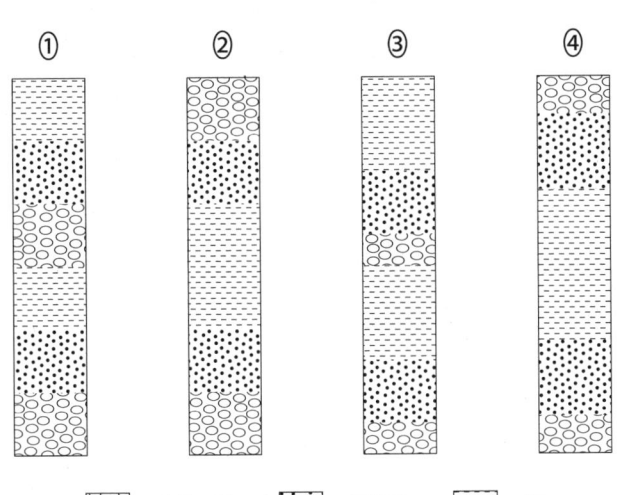

① ② ③ ④

[▒▒] …中粒の砂　[∷∷] …細粒砂　[＝＝] …泥

C　火山と岩石に関する次の問い(**問5～7**)に答えよ。

問5　噴火の様子が異なるとされる三つの火山P，Q，Rがある。これらの噴火記録を時系列に表1にまとめた。この三つの火山と，その説明a～cの組合せとして最も適当なものを，後の ① ～ ⑥ のうちから一つ選べ。 5

表1

西暦	噴火記録
1707 年	富士山の噴火により江戸(東京)で多量の降灰が確認された
1783 年	火砕流を伴う浅間山の噴火により数百人の犠牲者が出た
1822 年	火砕流を伴う有珠山の噴火により数十人の犠牲者が出た
1980 年代	伊豆諸島にある火山Pの火山活動によって数百戸の住宅が被害を受けたが，死者はいなかった
1990 年代	九州にある火山Qの火山活動によって死者・行方不明者が合わせて数十名に達した
2010 年代	本州にある火山Rの火山活動は，主に山頂付近に多くの犠牲者を出し，その数は1990年代の火山Qの火山活動による犠牲者の数を超えた

a　比較的粘性の低い溶岩流出を伴う噴火

b　火砕流を伴う火山活動

c　水蒸気爆発を伴う火山活動

	火山P	火山Q	火山R
①	a	b	c
②	b	a	c
③	c	a	b
④	a	c	b
⑤	b	c	a
⑥	c	b	a

問6　次の文章中の　ア　～　ウ　に入れる語句の組合せとして最も適当なものを，後の ① ～ ⑧ のうちから一つ選べ。　6

　地下深部から上昇したマグマが山体などに侵入することを貫入という。板状に貫入し，地層の層理面に対しほぼ垂直になっているのが　ア　である。　ア　の周囲の石灰岩はマグマの熱によって　イ　変成作用を受け，より　ウ　な大理石となる。

	ア	イ	ウ
①	岩床	接触	粗粒
②	岩床	接触	細粒
③	岩床	広域	粗粒
④	岩床	広域	細粒
⑤	岩脈	接触	粗粒
⑥	岩脈	接触	細粒
⑦	岩脈	広域	粗粒
⑧	岩脈	広域	細粒

問7　次の表2は，地殻を構成する鉱物とその体積％である。地殻の平均成分をもった岩石100 gにかんらん石5 gを加えてできた仮想的な岩石Aを考える。岩石Aの色指数(％)を求める計算式として最も適当なものを，後の ① ～ ⑤ のうちから一つ選べ。 | 7 |

表2

鉱物名	割合(%)
斜長石	45
カリ長石	23
角閃石	6
黒雲母	4
輝石	5
石英	17

① $\dfrac{15+5}{100+5} \times 100$　　　② $\dfrac{15}{100+5} \times 100$

③ $\dfrac{15+5}{85} \times 100$　　　④ $\dfrac{15}{85} \times 100$

⑤ $\dfrac{32+5}{100+5} \times 100$

（下書き用紙）

地学基礎の試験問題は次に続く。

第2問 次の問い(**A・B**)に答えよ。(配点　13)

A　大気の運動に関する次の文章を読み，後の問い(**問1・問2**)に答えよ。

　　次の図1(a)は北陸地方のT市におけるある初夏の日の気象記録である。この日は，1日を通しておおむね晴れであった。日の出までは気温も風もおだやかなものであり，変化は小さかった。10時を過ぎたころに突然風向きが変わり，気温が一気に上昇した。それに伴い風速も大きくなり，まるで台風のようだった。

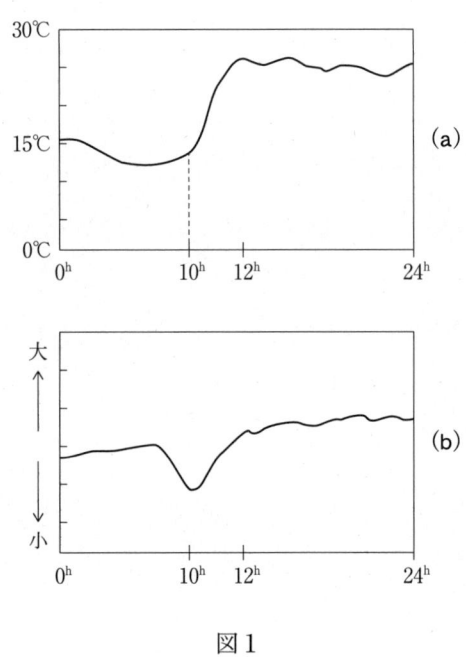

図1

問1 この日にT市で起きた現象はフェーン現象と呼ばれる。フェーン現象についての説明として最も適当なものを，次の ① ～ ④ のうちから一つ選べ。 8

① ほぼ日本のみで見られる現象であり，特に北陸地方で多い。

② 近年，都市部を中心に起きやすい現象である。

③ 日本列島に対して南風が吹くときに，しばしば見られる現象である。

④ 日本海で水蒸気を供給された空気塊によって引き起こされる現象である。

問2 前ページの図1 (b)は気象に関するある変量の様子を表すグラフである。縦軸は数値の大小を表し，上ほど数値が大きいことを意味する。このグラフに相当する変量として最も適当なものを，次の ① ～ ④ のうちから一つ選べ。 9

① 気圧   ② 相対湿度

③ 雲量   ④ 地表温度

B　大気組成に関する次の問い(**問 3・問 4**)に答えよ。

問 3　地球温暖化に関連した文として**誤っているもの**を，次の ① 〜 ④ のうちから一つ選べ。　10

①　ここ 1 世紀のうちに地表付近の平均温度は約 3.7 ℃ほど上昇しており，人為的な温室効果ガス排出の影響が強く見られる。

②　大気中のエーロゾル(エアロゾル)は太陽光を反射したり雲を増加させたりして，気温を低下させる役割をもつ。

③　温暖化により極域の凍土が溶けることで，土壌がメタンを放出してさらに温暖化が進む。

④　冬季に南極上空でオゾンホールが拡大することで地表に届く太陽からの紫外線が増大するが，地表温度に対する影響は小さい。

問 4　オゾン層が形成された後に登場した生物として，次の ① 〜 ④ のうちで **3 番目に古いもの**の図として適当なものを一つ選べ。　11

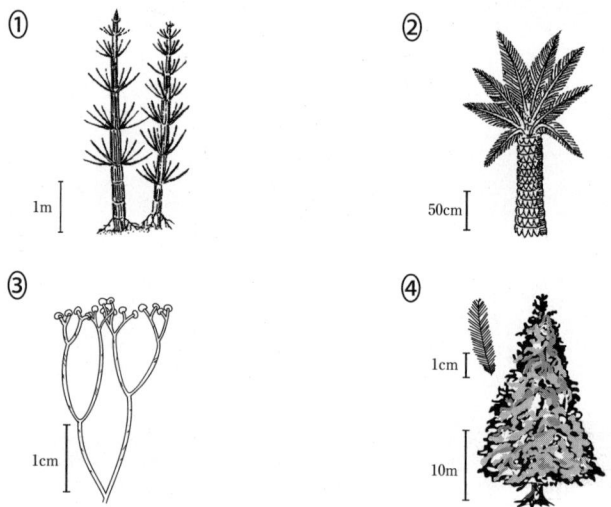

（下書き用紙）

地学基礎の試験問題は次に続く。

第3問　次の問い(A・B)に答えよ。(配点　13)

A　太陽系に関する次の問い(問1・問2)に答えよ。

問1　次の図1 (a)は木星と土星に共通した断面，図1 (b)は天王星と海王星に共通した断面の模式図である。層の厚さは正確に描かれているわけではない。図1について述べた文として最も適当なものを，後の ① ～ ④ のうちから一つ選べ。　12

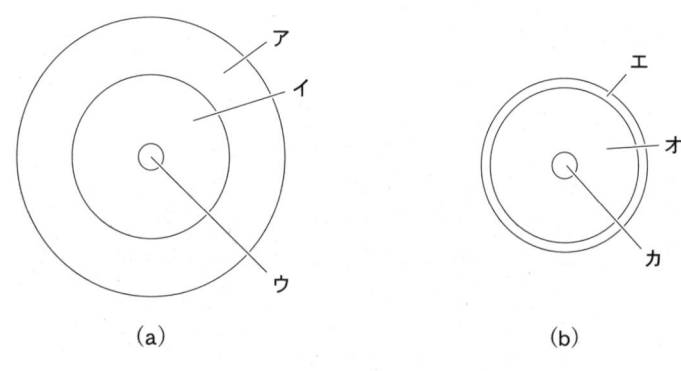

(a)　　　　　　　　　　　　(b)

図1

① 層アと層エの化学組成は太陽の化学組成に近い。

② 層イと層オの化学組成は大きく異なる。

③ 層ウと層カの化学組成は地球の中心核の化学組成に近い。

④ 層イと層カの化学組成はほぼ同じである。

問2 太陽の表面に見られる構造や現象について述べた文として最も適当なものを，次の ① ～ ④ のうちから一つ選べ。 13

① 皆既日食の際に，光球を取り囲むような彩層が見られる。

② 黒点の周囲では，白斑という爆発現象が見られることがある。

③ 粒状斑は直径 1000 km 程度であり，寿命は 1 年ほどである。

④ コロナは 100 万 K を超える高温であり，高密度でもある。

B 銀河系の天体に関する次の文章を読み，後の問い（**問3・問4**）に答えよ。

　次の図2は，おうし座にあるプレアデス星団を観測したある日のスケッチである。見えた恒星は7個で，すべて主系列星であった。等級は実視等級（見かけの等級）であり，数値が5小さいと100倍明るい。

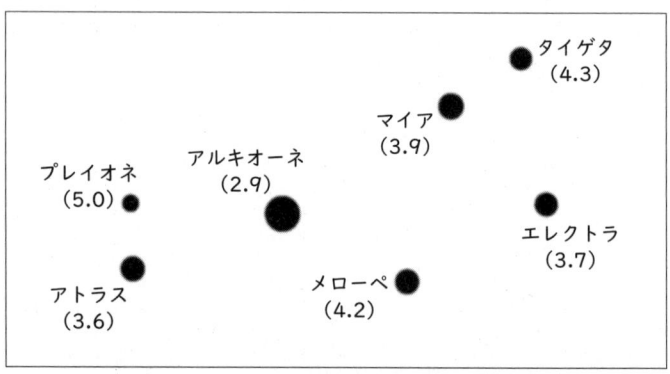

図2　プレアデス星団のスケッチ
（数字は見かけの等級）

問3 次の文a，bの正誤について正しい組合せを，後の ① 〜 ④ のうちから一つ選べ。　14

 a 前ページの図2内に中心核でヘリウムの核融合が行われている星はない。

 b プレイオネに比べてアルキオーネは10倍以上明るく見える。

	a	b
①	正	正
②	正	誤
③	誤	正
④	誤	誤

問4 アルキオーネの質量は太陽の2倍である。恒星の寿命は質量の3乗に反比例する。現在から20億年たったとき，アルキオーネおよび太陽はどのように進化しているか。アルキオーネを1億歳として，最も適当なものを，次の ① 〜 ④ のうちから一つ選べ。　15

 ① いずれも主系列星である。

 ② 太陽のみ主系列星である。

 ③ アルキオーネは既に超新星爆発を起こしている。

 ④ いずれも赤色巨星である。

東進　共通テスト実戦問題集

第2回

理　科　① 〔地　学　基　礎〕　(50点)

注　意　事　項

1　解答用紙に，正しく記入・マークされていない場合は，採点できないことがあります。特に，解答用紙の**解答科目欄にマークされていない場合又は複数の科目にマークされている場合は，0点となります。**

2　試験中に問題冊子の印刷不鮮明，ページの落丁・乱丁及び解答用紙の汚れ等に気付いた場合は，手を高く挙げて監督者に知らせなさい。

3　解答は，解答用紙の解答欄にマークしなさい。例えば，　10　と表示のある問いに対して③と解答する場合は，次の (例) のように**解答番号10の解答欄の③にマーク**しなさい。

(例)

解答番号	解　　　答　　　欄
10	① ② ❸ ④ ⑤ ⑥ ⑦ ⑧ ⑨ ⓪ ⓐ ⓑ

4　問題冊子の余白等は適宜利用してよいが，どのページも切り離してはいけません。

5　**不正行為について**

① 　不正行為に対しては厳正に対処します。

② 　不正行為に見えるような行為が見受けられた場合は，監督者がカードを用いて注意します。

③ 　不正行為を行った場合は，その時点で受験を取りやめさせ退室させます。

6　試験終了後，問題冊子は持ち帰りなさい。

地 学 基 礎

$\left(\text{解答番号}\ \boxed{1}\ \sim\ \boxed{15}\right)$

第１問 次の問い（**A～C**）に答えよ。（配点 27）

A 地球の活動に関する次の問い（**問1～3**）に答えよ。

問1 地球表面の様子の変遷について述べた次の文 **a・b** の正誤の組合せとして最も適当なものを，後の ① ～ ④ のうちから一つ選べ。 $\boxed{1}$

a 地球が誕生して間もない頃，星間ガスを取り込むことによって原始大気が形成された。

b 地球が誕生して間もない頃，微惑星のうち比較的大きなものを引力でとらえ，それが月となった。

	a	b
①	正	正
②	正	誤
③	誤	正
④	誤	誤

問2　プレート境界について述べた文として最も適当なものを，次の ① ～ ④ のうちから一つ選べ。　2

① フィリピン海プレートがユーラシアプレートの下に沈み込むことによって，中国地方・四国地方では火山活動が生じている。

② 海洋プレートの下に別の海洋プレートが沈み込むことによって津波が発生することが多い。

③ プレートの収束境界である海溝やトラフ付近では逆断層型の巨大地震が起きている。

④ プレートのすれ違う境界が中央海嶺付近では見られ，この境界に沿ってマグマが上昇しやすくなっている。

問3　次ページの図1は，1949～1998 年の 50 年間に発生した日本列島での地震の観測記録である。$M \geq 2$ のデータは信用できるが，$M < 2$ のデータは実際に起きた回数よりもかなり小さいと推測されている。$M=1.0$ の地震は実際には $M=2.0$ の地震の 10 倍起きていたとすれば，$M=4.0$ の地震のエネルギーの総和は $M=1.0$ の地震のエネルギーの総和の約何倍か。最も適当な数値を，後の ① ～ ④ のうちから一つ選べ。約　3　倍

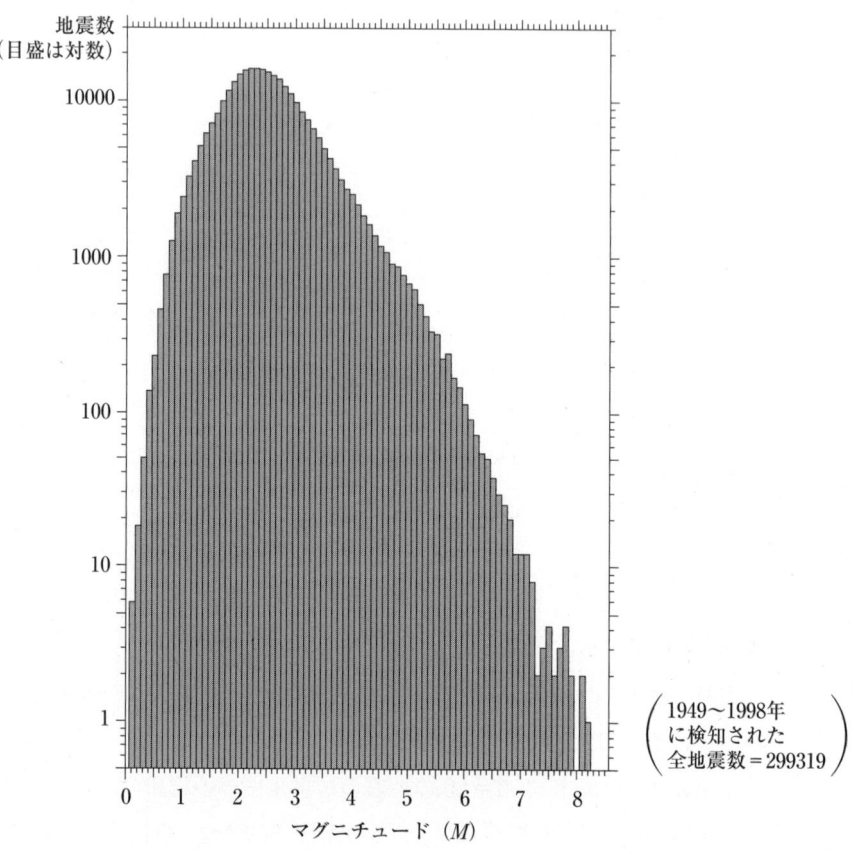

図1　1949 ～ 1998 年の間に発生した日本列島での地震の観測記録

（防災科学技術研究所高感度地震観測網 HP より）

① 0.3　　　　② 3　　　　③ 30　　　　④ 300

B 地質と地質時代の生物に関する次の文章を読み，後の問い(**問4 ～ 6**)に答えよ。

次の図2は，ある地域の地質断面図である。図中の地層A～Dの逆転はなく，図に示されている以外の断層はないものとする。また，断層Yは鉛直方向にのみずれているとする。地層Aからは，オパビニアなど他の生物を捕食していた生物の化石が多数産出していた。地層Cからはクックソニアの化石が産出した。地層Dからは，原始的な小型ほ乳類の化石が産出していた。

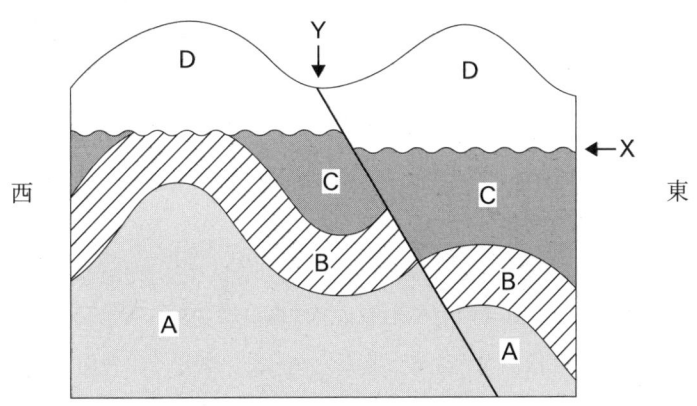

図2　ある地域の地質断面図

問4 恐竜の化石が産出する可能性がある地層として最も適当なものを，次の ① ～ ⑤ のうちから一つ選べ。　　　4

① 地層A　　　② 地層B　　　③ 地層C

④ 地層D　　　⑤ この中にはない

問5 前ページの図２における褶曲の種類および断層の種類の組合せとして最も適当なものを，次の①～⑧のうちから一つ選べ。　5

	褶曲の種類	断層の種類
①	東西方向の圧縮による	東側が上盤である正断層
②	東西方向の圧縮による	西側が上盤である正断層
③	東西方向の圧縮による	東側が下盤である逆断層
④	東西方向の圧縮による	西側が下盤である逆断層
⑤	東西方向の引っ張りによる	東側が上盤である正断層
⑥	東西方向の引っ張りによる	西側が上盤である正断層
⑦	東西方向の引っ張りによる	東側が下盤である逆断層
⑧	東西方向の引っ張りによる	西側が下盤である逆断層

問6 次の文ａ・ｂの正誤の組合せとして最も適当なものを，後の①～④のうちから一つ選べ。　6

ａ　不整合面をはさむ地層Ｃ，地層Ｄに含まれる化石の生物が生息していた年代が大きく異なることからも，Ｘが不整合面である根拠となる。

ｂ　地層Ｂに由来する砕屑物が地層Ｄにおいて見つかることはない。

	a	b
①	正	正
②	正	誤
③	誤	正
④	誤	誤

C 火山と岩石・鉱物に関する次の問い(**問7・問8**)に答えよ。

問7 火山に興味をもったTさんは，火山に由来する物質を観察することにした。次の観察A〜Cは，観察対象と観察結果をまとめたものであるが，観察対象および観察方法・考察に矛盾があるものが含まれている。矛盾あり・なしの組合せとして最も適当なものを，後の **①** 〜 **⑥** のうちから一つ選べ。 7

観察A 大谷石と呼ばれる凝灰岩を観察した。この石は加工しやすいために外壁などに用いられている。ルーペを使ってよく見ると，小さな穴が多数見えた。これは，水蒸気を含む火山ガスが抜け出た穴ではないかと思われた。

観察B 桜島の火山灰に含まれる鉱物を観察するため，まずは乳鉢に入れた火山灰をよく洗うことにした。硬い材質でできた乳棒で火山灰をすりつぶしながら水で洗い，上澄み液を捨てて双眼実体顕微鏡で観察した。

観察C 花こう岩マグマの貫入を受けた石灰岩を観察した。長期間にわたったマグマの貫入により，一定の方向に強い力がはたらいた結果，石灰岩を構成する鉱物の配列が一定の方向性をもっていた。

	観察A	観察B	観察C
①	な し	な し	あ り
②	な し	あ り	な し
③	な し	あ り	あ り
④	あ り	な し	な し
⑤	あ り	な し	あ り
⑥	あ り	あ り	な し

問8 次の文章中の ア ・ イ に入れる語の組合せとして最も適当なものを，後の ① ～ ④ のうちから一つ選べ。 8

岩石をつくる鉱物，すなわち造岩鉱物は，有色鉱物と無色鉱物に大別され，無色鉱物は， ア にはあまり見られない。火成岩の中での有色鉱物が占める割合(体積%)を色指数という。色指数が小さい岩石をつくるようなマグマを噴出する火山では， イ が起きやすい。

	ア	イ
①	地　殻	割れ目噴火
②	地　殻	火砕流
③	マントル	割れ目噴火
④	マントル	火砕流

（下書き用紙）

地学基礎の試験問題は次に続く。

第2問 次の問い(**A～C**)に答えよ。(配点　13)

A　大気の運動に関する次の文章を読み，後の問い(**問1・問2**)に答えよ。

　　大気は地球全体を循環し，結果として低緯度から高緯度へと熱を運ぶ。
赤道付近では，強力な日射により大気の運動が生じている。赤道付近で上
昇した大気は亜熱帯で下降し，地球の ┃ ア ┃ の効果によって北半球で
は ┃ イ ┃ ，南半球では ┃ ウ ┃ の風となって赤道へと戻る。
　　海洋の表層は，日射だけでなく大気の循環の影響も受ける。海洋と大気，
そして地形などの要素が複雑に絡み合って，各地域での気候が決定される。

問1　文章中の ┃ ア ┃ ～ ┃ ウ ┃ に入れる語の組合せとして最も適当な
ものを，後の ① ～ ⑥ のうちから一つ選べ。 ┃ 9 ┃

	ア	イ	ウ
①	自　転	東寄り	東寄り
②	自　転	東寄り	西寄り
③	自　転	西寄り	西寄り
④	公　転	東寄り	東寄り
⑤	公　転	東寄り	西寄り
⑥	公　転	西寄り	西寄り

問2　前ページの文章中の下線部に関して，次の図1は近年の海面水温の分
布を表している。海水の温度に関して述べた文として最も適当なものを，
後の ① ～ ④ のうちから一つ選べ。　□10□

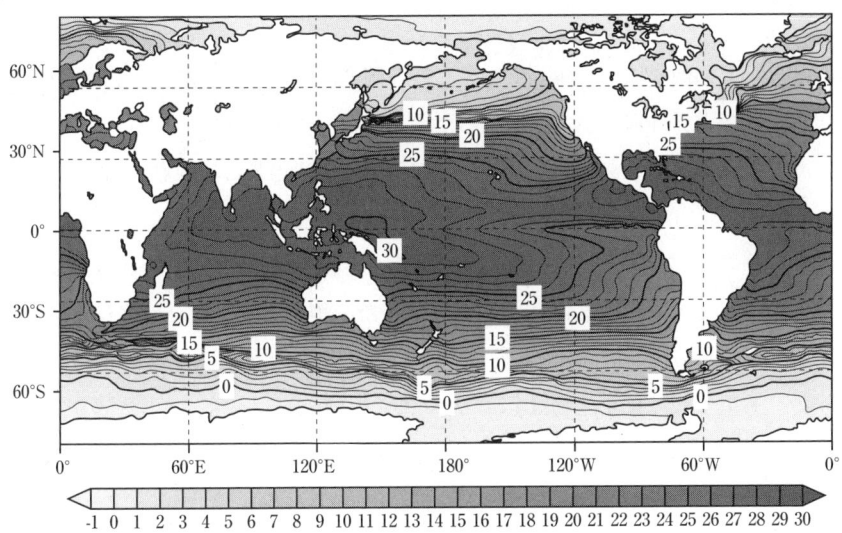

図1　近年の海面水温の分布

（気象庁 HP より）

① インドネシア付近の海水温が高いのは，火山活動による地熱の影響
による。

② 海底付近の水温は，地球全体としては大きな違いは見られない。

③ 大陸から流れ込む大量の氷河によって，極付近の海水は低温である。

④ 温暖化によって，赤道太平洋の東部が平年より数度昇温する現象が
近年見られる。

B 雲に関する次の問い(**問3**)に答えよ。

問3 次の文章中の エ に当てはまる数値として最も適当なものを，後の ① ～ ④ のうちから一つ選べ。 11

　　気象衛星による観測では，赤外線画像を用いることがある。高温の物体ほど赤外線を強く放射するため，画像では黒っぽく見える。

　　日本列島のある地点X上を温帯低気圧が通過した。地点Xにいる観測者によって，順に巻雲・巻層雲・高積雲・層積雲・乱層雲・積乱雲の6種類の雲が観測された。なお，積乱雲以外は鉛直方向の厚さは等しく，すべての雲の雲底は前線面上にあった。積乱雲はかなり発達していて，最上部は対流圏界面に達していた。人工衛星の赤外線画像で高積雲よりも黒っぽく見えた雲は全部で エ 種類あった。

　① 0　　　　② 1　　　　③ 2　　　　④ 3

C　気候と災害に関する次の問い(**問4**)に答えよ。

問4　日本列島の気候と災害に関して述べた次の文a・bの正誤の組合せとして最も適当なものを，後の**①**〜**④**のうちから一つ選べ。　12

　　a　秋に前線が近づくと，放射冷却が強まって農作物に早霜の被害が生じることがある。

　　b　梅雨前線が北上することによって南海上からの高気圧が張り出すと，日本列島付近を低気圧が通過する頻度が小さくなる。

	a	b
①	正	正
②	正	誤
③	誤	正
④	誤	誤

第3問 次の会話文を読み，後の問い(問1～3)に答えよ。(配点　10)

先生：望遠鏡で太陽を見たことがあるかな。

生徒：はい。一週間続けて(a)黒点のスケッチをしたことがあります。

先生：それはいい経験だね。今日は太陽のスペクトル(太陽スペクトル)を観察してみよう。スペクトルとは，簡単に言えば光の帯なんだ。

生徒：天体望遠鏡を使って見るのですか。

先生：望遠鏡を使う方法もあるけれど，今回は直視分光器を使うよ。

生徒：使い方は難しくないのですか。

先生：大丈夫。太陽を直接見ないように，青空に向けてのぞいてごらん。

生徒：はい。あ…，カラフルな光の帯が見えます。

先生：うん。それは太陽の連続スペクトルと言うんだ。実は，太陽の光は色々な波長の光が集まってできたものなんだ。直視分光器を通すことで，光がその波長ごとに分解されて見えるんだ。

生徒：よく見ると，黒い線が見えます。これも太陽からの光の一種なのですか。

先生：それは発見者の名前をとって「フラウンホーファー線」と呼ばれている。「暗線」「吸収線」と呼ばれることもあるよ。

生徒：フラウンホーファー線を調べると，何がわかるのですか。

先生：(b)太陽がどのような元素からできているかがわかるんだ。

生徒：実際に太陽から物質を採取することなく，太陽が何でできているのかわかるのですね。すごい！

問1 前ページの会話文中の下線部(a)に関して，太陽に限らず，恒星の表面にはしばしば黒点が見られる。黒点について述べた文として，**誤っているもの**を，次の①〜④のうちから一つ選べ。 13

① 黒点付近の彩層が突然明るく見えるフレアが起きることがある。

② 黒点の中には，地球の大きさよりも大きいものがある。

③ 黒点が黒く見えるのは，黒点が周囲よりも温度が低い周辺減光を示すからである。

④ 黒点の周囲には，白く輝く白斑(はくはん)が見られることがある。

問2 太陽からの荷電粒子の流れを太陽風という。太陽風の影響が直接現れている天体の例として最も適当なものを，次の①〜④のうちから一つ選べ。 14

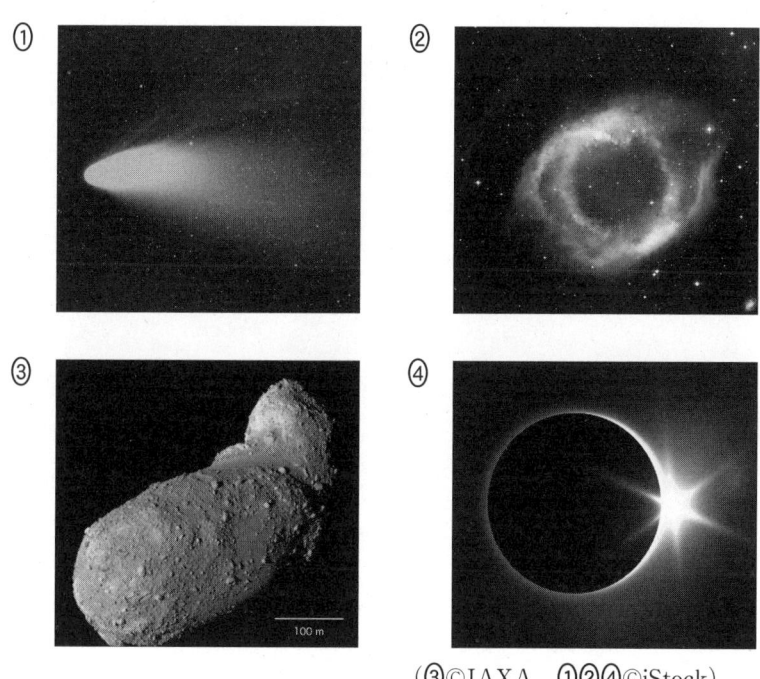

(③©JAXA，①②④©iStock)

問3 34 ページの会話文中の下線部(b)に関して，太陽スペクトルの観察により，地球上で発見される前にヘリウムが発見された。太陽と元素の関係について述べた文として最も適当なものを，次の ① 〜 ④ のうちから一つ選べ。 15

① 太陽中心部に溜まったヘリウムは，対流によって太陽表面へと運ばれる。

② 約 50 億年後，太陽中心部でヘリウムが核融合を起こし，炭素や酸素が形成される。

③ 星間物質の中で最も多い元素と太陽を構成する元素の中で最も多い元素は，異なる種類である。

④ 原始太陽が膨張しその中心温度がある一定の温度を超えることで，水素の核融合が始まった。

第**3**回

理 科 ① 〔地 学 基 礎〕 $\left(50点\right)$

注 意 事 項

1　解答用紙に，正しく記入・マークされていない場合は，採点できないことがあります。特に，解答用紙の解答科目欄にマークされていない場合又は複数の科目にマークされている場合は，0点となります。

2　試験中に問題冊子の印刷不鮮明，ページの落丁・乱丁及び解答用紙の汚れ等に気付いた場合は，手を高く挙げて監督者に知らせなさい。

3　解答は，解答用紙の解答欄にマークしなさい。例えば，　10　と表示のある問いに対して③と解答する場合は，次の（例）のように**解答番号10の解答欄の③にマーク**しなさい。

（例）

解答番号	解　　　　答　　　　欄
10	① ② ❸ ④ ⑤ ⑥ ⑦ ⑧ ⑨ ⓪ ⓐ ⓑ

4　問題冊子の余白等は適宜利用してよいが，どのページも切り離してはいけません。

5　**不正行為**について

①　不正行為に対しては厳正に対処します。

②　不正行為に見えるような行為が見受けられた場合は，監督者がカードを用いて注意します。

③　不正行為を行った場合は，その時点で受験を取りやめさせ退室させます。

6　試験終了後，問題冊子は持ち帰りなさい。

地 学 基 礎

$$\left(\text{解答番号}\boxed{}\boxed{\,1\,}\sim\boxed{\,15\,}\right)$$

第1問 次の問い(**A～C**)に答えよ。(配点 21)

A 地球の活動に関する次の問い(**問1・問2**)に答えよ。

問1 地震について述べた文として最も適当なものを，次の ① ～ ④ のうちから一つ選べ。 $\boxed{\,1\,}$

① 断層面が動いた長さであるすべり量は，大地震では 100 m に達する。

② 日本では国際的に定められた 10 段階の震度階級が用いられている。

③ 地下の断層面上で岩石の破壊が始まった点を震源という。

④ 地震の揺れが震度計の処理部で捉えられた後，計測部で信号化される。

問2 プレートの境界について述べた文として**適当でないもの**を，次の ① ～ ④ のうちから一つ選べ。 $\boxed{\,2\,}$

① アフリカ東部の地溝帯では，地震が起き，ホットスポットが存在している。

② 東太平洋中央海嶺の下で発生したマグマの一部が，ハワイ島の下に達している。

③ トランスフォーム断層は，海嶺軸と海嶺軸をつないでいる。

④ アイスランド島の上では，プレートの拡大(発散)境界を見ることができる。

B 地層と地球の歴史に関する次の問い(**問3・問4**)に答えよ。

問3 夏休みのある日，T君はある地域の露頭を観察した。次の図1は地層のスケッチである。このときT君は真南を向いてスケッチをした。地層Aと地層Bは不整合の関係であり，地層Bと地層Cは整合の関係であることがわかった。また，Dは貫入岩体であった。地層Cの上部を観察すると，流水によってできたとみられる構造が存在した。この露頭について述べた下の文a〜cの正誤の組合せとして最も適当なものを，次ページの**①**〜**⑧**のうちから一つ選べ。なお，この露頭付近の地層には逆転や断層がなく，地層ができたときから現在まで，地層は鉛直方向にしか動いていないとする。　　3

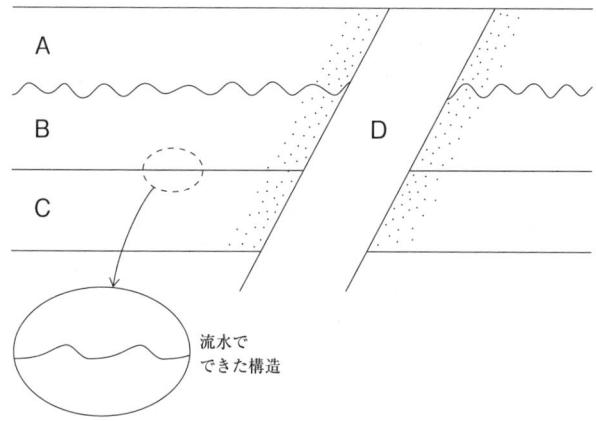

図1　ある地域の露頭で観察された地層のスケッチ

a　地層Bが形成されてから長期間の後，地層Aが形成された。

b　地層Cの上部から，流水が西から東に流れていたことがわかる。

c　貫入岩体Dは，中心部には大きな結晶が，周縁部には小さな結晶が多く見られた。

	a	b	c
①	正	正	正
②	正	正	誤
③	正	誤	正
④	正	誤	誤
⑤	誤	正	正
⑥	誤	正	誤
⑦	誤	誤	正
⑧	誤	誤	誤

問4 地球上の生物に関する次のできごと a〜c それぞれについて，下の地球の歴史に占めるおおよその期間の割合を表した円グラフ**ア**〜**ウ**の最も適当な組合せを，後の ① 〜 ⑥ のうちから一つ選べ。なお，円グラフ**ア**〜**ウ**の円の面積全体はそれぞれ地球の歴史である 46 億年の期間を表している。 | 4 |

< 地球上の生物に関するできごと >

a　真核生物の存在期間

b　安定したオゾン層の存在期間

c　熱水噴出孔の存在期間

< 地球の歴史に占めるおおよその期間の割合 >

ア　　　　　　　　　　イ　　　　　　　　　ウ

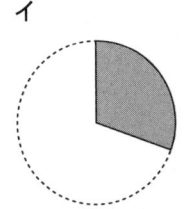
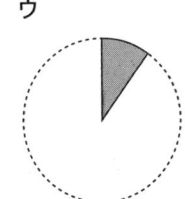

	a	b	c
①	ア	イ	ウ
②	ア	ウ	イ
③	イ	ア	ウ
④	イ	ウ	ア
⑤	ウ	ア	イ
⑥	ウ	イ	ア

C 火成岩および変成岩に関する次の問い(**問5・問6**)に答えよ。

問5 火成岩の分類に関する次の文章を読み，| ア |・| イ |に入れる語の組合せとして最も適当なものを，後の ① ～ ④ のうちから一つ選べ。

| 5 |

　火成岩の分類として色指数を用いるのが困難な場合がある。玄武岩は地球の表面に最も多く存在する火成岩であり，月の「海」にも見られる，太陽系の岩石天体に普遍的な岩石である。一般的に，玄武岩の方が安山岩よりも| ア |とされている。ガラスを多く含む火山岩ほど全体的な色調は黒っぽくなることが知られており，実際，斑晶を| イ |安山岩であるサヌカイト(讃岐岩，カンカン石ともいう)はかなり黒っぽく見える。

	ア	イ
①	黒っぽい	多く含む
②	黒っぽい	あまり含まない
③	白っぽい	多く含む
④	白っぽい	あまり含まない

問6 変成岩と変成作用について述べた文として最も適当なものを，次の ①
〜 ④ のうちから一つ選べ。 | 6 |

① 地上の平均気温の数倍もの温度で広域変成岩が形成される。

② 海底で形成された堆積岩が変成岩となった後，マグマになることが
ある。

③ 石灰岩が高い温度で変成され，結晶がきめ細かくなる。

④ 貫入した花こう岩体の周囲には，変成されてできたチャートが見ら
れることがある。

回 実戦問題

第2問 大気と海洋に関する次の問い（**A・B**）に答えよ。（配点　10）

A 温帯低気圧と熱帯低気圧に関する次の文章を読み，後の問い（**問1・問2**）に答えよ。

　北半球・南半球を問わず，中緯度地帯の気候は温帯低気圧によって大きな影響を受けている。南緯40度にある観測点**X**では，春や秋に温帯低気圧がしばしば通過し，天気が周期的に変わる。また，観測点**X**では，12月から翌年3月にかけて，しばしば<u>サイクロン</u>の影響を受ける。次の図1は，観測点**X**に接近した温帯低気圧であり，図1中の曲線は等圧線である。

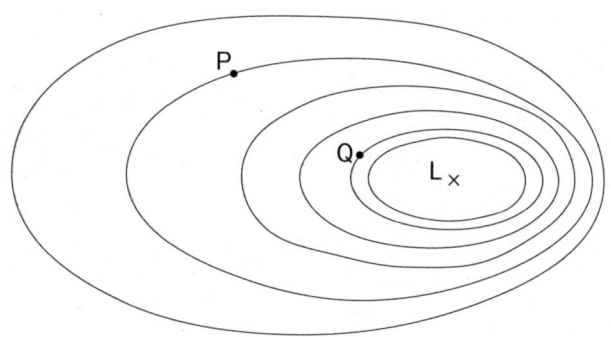

図1　観測点**X**に接近した温帯低気圧

問1　前ページの図1について，地上付近の点P，Qと，次の**ア**〜**エ**が表す風向・風速の組合せとして最も適当なものを，後の①〜⑥のうちから一つ選べ。　7

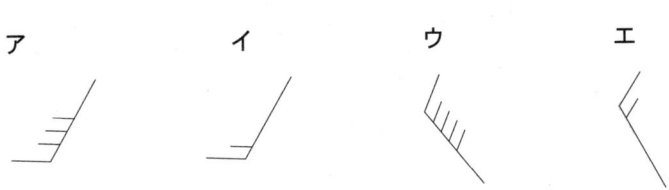

ア　　　　　　イ　　　　　　ウ　　　　　　エ

	P	Q
①	ア	エ
②	イ	ア
③	イ	ウ
④	ウ	イ
⑤	エ	ア
⑥	エ	ウ

問2　前ページの文章中の下線部に関連して，サイクロンとは台風などとともに熱帯低気圧の一種である。サイクロンに関して述べた文として最も適当なものを，次の①〜④のうちから一つ選べ。　8

① サイクロンは南赤道海上で発達し，活発な積乱雲を伴っている。

② サイクロンが観測点**X**に上陸すると，エネルギー源である潜熱を得て活発化する。

③ サイクロンは，南下することで台風に変わることがある。

④ サイクロンは台風と異なり，中心部に目のような構造はできない。

B　海水に関する次の問い(**問3**)に答えよ。

問3　南緯 60 度付近の海洋表層での塩分濃度は，南緯 20 度付近の海洋表層での塩分濃度よりも小さい。その理由として正しいものを，次の① ～ ④ のうちから一つ選べ。　 9

① 海氷の融解による影響を受けやすいためである。

② 大陸が少なく，河川水の流入が少ないためである。

③ 海洋深層水の湧昇(ゆうしょう)がしばしば生じるためである。

④ 亜寒帯低圧帯に近く，降水量が大きいからである。

（下書き用紙）

地学基礎の試験問題は次に続く。

第３問 宇宙に関する次の問い(**問 1 ～ 3**)に答えよ。(配点 10)

　次の文章は，天文台で撮影されたアンドロメダ銀河(M31)の写真を見ながら行われた，先生と生徒の会話である。

先生：この写真(図1)は，地上の天文台から撮影された(a)アンドロメダ銀河なんだ。

生徒：たくさんの星が集まっています。そのうちのいくつかには，地球上の生物のようなものも住んでいるのかもしれませんね。

先生：いや，残念ながら光って見えるのは恒星だから，生物は住めないと思うよ。光っている恒星の周りには生物がいる，地球のような星があるのかもしれないね。

生徒：地球は，太陽系の「(b)ハビタブルゾーン」にあるって聞いたことがあります。アンドロメダ銀河のどこかにも，ハビタブルゾーンに存在する惑星があるかもしれませんね。

先生：ところで，地球上の生物は，元素でいうと主に炭素からできているね。では，アンドロメダ銀河で輝いている星々はどのような元素でできているのだろうか。

生徒：炭素や酸素，窒素あたりですか？

先生：実は，そのいずれでもないんだ。水素やヘリウムが，輝いている星の正体なんだよ。そして，(c)水素やヘリウムでさえ，宇宙誕生当初からあったわけじゃないんだ。

図1　アンドロメダ銀河（M31）

問1　前ページの会話文中の下線部(a)に関連して，アンドロメダ銀河にある恒星の数は，銀河系にある恒星の数の5～10倍程度と見積もられている。アンドロメダ銀河にある恒星の個数として最も適当なものを，次の①～⑤のうちから一つ選べ。 | 10 | 個

① 100万　② 1億　③ 100億　④ 1兆　⑤ 100兆

問2 48ページの会話文中の下線部(b)に関連して，ハビタブルゾーンとは生物にとって必須である液体の水が安定的に存在できるような領域とされ，金星はやや内側に，火星はやや外側に存在する。次の図2は，金星・地球・火星についての性質を表した模式図である。性質Pは，惑星大気の大部分が二酸化炭素であることを表す。性質Qは，惑星表面に固体の二酸化炭素があることを表す。先述の3個の惑星のうち，性質Pを満たすが性質Qを満たさないものが a 個，性質P，Q両方を満たすものが a 個，性質Qを満たすが性質Pを満たさないものが b 個であることを意味する。a に相当する数値を，後の ① 〜 ④ のうちから一つ選べ。 11 個

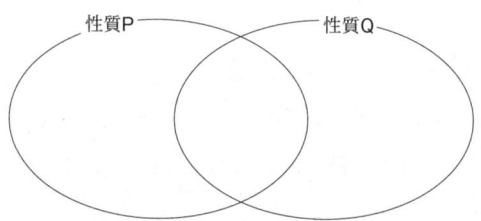

図2　金星・地球・火星についての性質を表した模式図

① 0　　　② 1　　　③ 2　　　④ 3

50

問3 48ページの会話文中の下線部(c)に関連して，次の宇宙における物質の変遷a〜cを起きた順に並べたとき，その順序として最も適当なものを，後の ① 〜 ⑥ のうちから一つ選べ。 12

a 陽子と電子が結びついて水素原子ができた。

b 陽子と中性子が結びついてヘリウム原子核ができた。

c 水素原子の核融合でヘリウム原子ができた。

① a → b → c

② a → c → b

③ b → a → c

④ b → c → a

⑤ c → a → b

⑥ c → b → a

第 4 問 自然災害に関する次の文章を読み，後の問い(**問 1 ～ 3**)に答えよ。
(配点　9)

　　日本列島は水資源など自然に恵まれる一方，常に自然災害と隣り合わせ
でもある。地震は，震源の位置や発生時期を推定するのが難しい。特に海
底の様子は地上からはとらえにくいため，(a)津波が起きるかどうかの判
断が難しい場合がある。一方，火山噴火は，発生する場所が限定されてい
るため，地震に比べれば対策が容易である。火山の特徴を知り，(b)ハザ
ードマップを利用するなどして火山災害から身を守ることができるだろう。

問 1　文章中の下線部(a)に関連して，津波の性質について述べた次の文
　　　a・bの正誤の組合せとして最も適当なものを，後の ① ～ ④ のうちか
　　　ら一つ選べ。　13

　　　a　津波によって，低地や海岸付近は液状化現象が起きることがある。
　　　b　V字型の湾の奥では水深が浅いため，津波の高さは小さくなる。

	a	b
①	正	正
②	正	誤
③	誤	正
④	誤	誤

問2　前ページの文章中の下線部(b)に関連して，次の図1は活火山である桜島(鹿児島県)のハザードマップである。このハザードマップについて述べた文として最も適当なものを，後の ① ～ ④ のうちから一つ選べ。

14

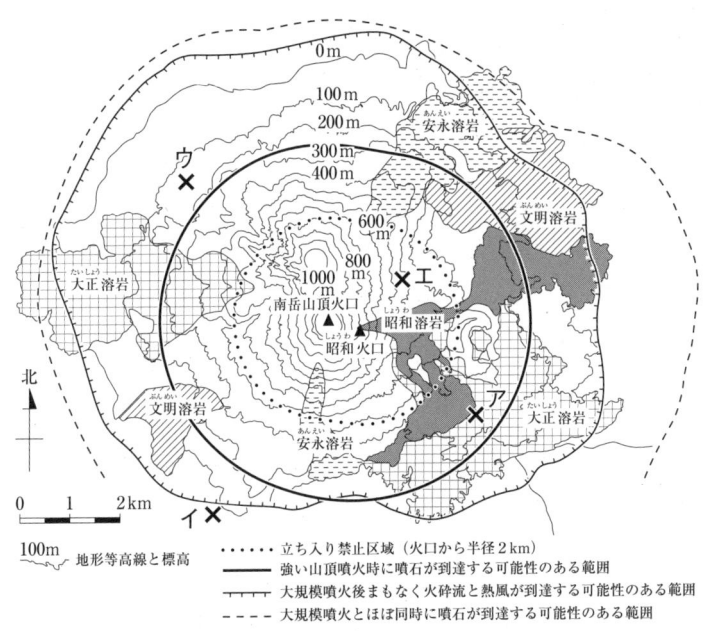

図1　桜島のハザードマップ

① 地点アは，かつて溶岩流が流下したが，今後，溶岩流が流下することはない。

② 地点イは，火砕流が流下する可能性も溶岩流が到達する可能性も低い。

③ 地点ウは，偏西風によって火砕物が降る可能性が高い。

④ 地点エでは，偏西風の風向によって火砕流が到達しやすい。

問3 火山噴火の前兆となる現象について述べた文として**適当でないもの**を，次の ① ～ ④ から一つ選べ。 15

① 接触変成作用で，火口付近の岩石が変色することがある。

② マグマの上昇で，土地の傾斜が変化することがある。

③ 新たに火山ガスの噴出する場所ができることがある。

④ 地割れが起きたり，段差ができたりすることがある。

東進　共通テスト実戦問題集

第 4 回

理 科 ① 〔地 学 基 礎〕 $\left(50点\right)$

注 意 事 項

1　解答用紙に，正しく記入・マークされていない場合は，採点できないことがあります。特に，解答用紙の解答科目欄にマークされていない場合又は複数の科目にマークされている場合は，0点となります。

2　試験中に問題冊子の印刷不鮮明，ページの落丁・乱丁及び解答用紙の汚れ等に気付いた場合は，手を高く挙げて監督者に知らせなさい。

3　解答は，解答用紙の解答欄にマークしなさい。例えば，10 と表示のある問いに対して③と解答する場合は，次の（例）のように解答番号10の解答欄の③にマークしなさい。

（例）

解答番号	解　　答　　欄
10	① ② ❸ ④ ⑤ ⑥ ⑦ ⑧ ⑨ ⓪ ⓐ ⓑ

4　問題冊子の余白等は適宜利用してよいが，どのページも切り離してはいけません。

5　**不正行為について**

①　不正行為に対しては厳正に対処します。

②　不正行為に見えるような行為が見受けられた場合は，監督者がカードを用いて注意します。

③　不正行為を行った場合は，その時点で受験を取りやめさせ退室させます。

6　試験終了後，問題冊子は持ち帰りなさい。

地 学 基 礎

$$\left(\text{解答番号}\quad \boxed{1} \sim \boxed{15}\right)$$

第1問 次の問い(**A～C**)に答えよ。(配点 20)

A 固体地球に関する次の問い(**問1・問2**)に答えよ。

問1 次の図1は,ある地域において定期的に横ずれ断層が活動した結果,川が屈曲している様子を表した模式図である。この断層が常に一定の向きで同じ量を活動し続け,断層活動以外で川の流路は変化しなかったと考えたとき,生じた断層の種類と断層付近のP,Qの2点間は今後,断層の活動によってどのようになっていくか。その組合せとして最も適当なものを,後の**①～⑥**のうちから一つ選べ。 $\boxed{1}$

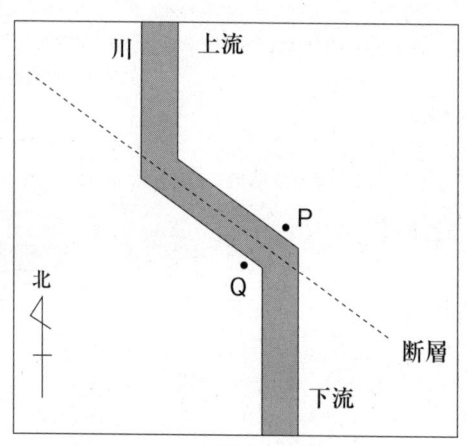

図1 ある地域の横ずれ断層と屈曲した川の模式図

56

	断層の種類	P, Qの2点間
①	右横ずれ断層	近づいていく
②	右横ずれ断層	遠ざかっていく
③	右横ずれ断層	ほぼ変化しない
④	左横ずれ断層	近づいていく
⑤	左横ずれ断層	遠ざかっていく
⑥	左横ずれ断層	ほぼ変化しない

問2 地球の表面から深さ数百 km 程度までの様子について述べた文として最も適当なものを，次の ① ～ ④ のうちから一つ選べ。　2

① 海洋地殻を構成する岩石とマントル上部を構成する岩石は，ほぼ同じである。

② 海洋地域のリソスフェアは，生成された後厚みを増していく。

③ リソスフェアとアセノスフェアの境界を挟んだ部分の岩石の種類は異なる。

④ 海洋プレートの厚みは，平均して 150 km である。

B　地層と化石に関する次の文章を読み，後の問い(**問3・問4**)に答えよ。

　　次の図2は，ある地域の地質図を模式的に表したものである。地層A，
B，Cは堆積岩，地層Dは火成岩であることがわかっている。地層Aから
カヘイ石(ヌンムリテス)の化石が，地層Bからはアンモナイトの化石が，
地層Cからはモノチスの化石が見つかっている。図2の地域に地層の逆転
や断層，褶曲は見られない。

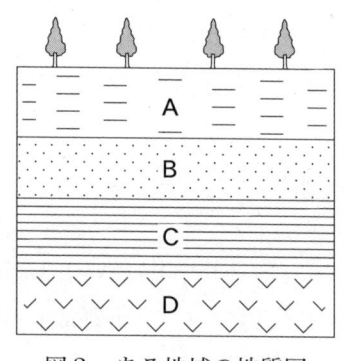

図2　ある地域の地質図

問3　図2の地層に関して述べた文として**誤っているもの**を，次の① ～ ④
　　のうちから一つ選べ。　　3

　　① 　地層Aが形成された時代は，まだ哺乳類は出現していなかったと推
　　　測される。
　　② 　地層B，Cが形成された時代は海水準が現在よりも高かったと推測
　　　される。
　　③ 　地層Cが形成された時代に裸子植物が繁栄を迎えたと推測される。
　　④ 　地層Cと地層Dの関係は不整合であると推測される。

問4　人類の出現は地層Aの形成よりも新しい。人類の出現と進化に関して

　　　述べた文として最も適当なものを，次の ① ～ ④ のうちから一つ選べ。

　　　　　4

　　　① 　最古の人類であるサヘラントロプスは，まだ二足歩行をしていなか

　　　　った。

　　　② 　猿人であるアウストラロピテクスなどは，アフリカ大陸にのみ生息

　　　　していた。

　　　③ 　猿人の中には，新人(ホモ・サピエンス)と共存していたものもあっ

　　　　た。

　　　④ 　ネアンデルタール人は，まだ石器を使いこなしてはいなかった。

C 鉱物と岩石に関する次の問い(**問 5・問 6**)に答えよ。

問 5 次の文章中の ア ・ イ に入れる語の組合せとして最も適当なものを，後の ① 〜 ④ のうちから一つ選べ。 5

火山性の土壌から鉱物を取り出して調べたい。そのため，火山性の園芸用土を購入し，蒸発皿に入れて何度も水洗いを行い，水の濁りが少なくなったものを乾燥させ，観察した。図表と照らし合わせると，粒状結晶や不規則な割れ口など様々な形状をもつ ア が多数あった。鉱物 ア の主成分はチャートの主成分と同一であった。有色鉱物や無色鉱物に分類しづらい物質も含まれていた。その中には溶岩の破片と思われるものがあり， イ であった。

	ア	イ
①	火山ガラス	丸く均質
②	火山ガラス	不均質
③	石 英	丸く均質
④	石 英	不均質

問6 火山噴出物について述べた文として最も適当なものを，次の ① ～ ④ のうちから一つ選べ。 6

① 火山灰と火山礫(れき)の違いは，主に構成する鉱物の種類である。

② 日本付近では，火山灰は上空の定常的な風に乗って東から西へ流されることが多い。

③ 軽石は火山噴出物が海面に落下して固結し，多孔質となったものが多い。

④ 軽石は，火砕流の一部として火山の麓(ふもと)へ運ばれることがある。

第2問 次の問い(A・B)に答えよ。(配点 10)

A 地球のエネルギー収支に関する次の文章を読み，後の問い(問1・問2) に答えよ。

地球の大気圏上端で，太陽放射に垂直な面が受ける単位時間あたりの日射量を太陽定数という。ここでは，太陽定数を I 〔kW/m²〕とする。実際の太陽放射は，地球大気で散乱されたり地表で反射されたりするため，地表面を暖めるのに使われるエネルギー量はその半分程度である。

問1 地球全体が受ける単位時間あたりの太陽放射エネルギーを地表面全体で平均した値を表す式として最も適当なものを，次の ① ～ ⑥ のうちから一つ選べ。 7 〔kW/m²〕

① $4I$ ② $2I$ ③ I

④ $\dfrac{1}{2}I$ ⑤ $\dfrac{1}{4}I$ ⑥ $\dfrac{1}{8}I$

問2　気温上昇などの理由で，現在ある北極圏の海氷や氷河がすべて溶けたと仮定する。その後十分な時間が経ったとき，地表での太陽光の反射率および北極域での気温は現在と比べてどうなっていると予想されるか。予想される現象の組合せとして最も適当なものを，次の ① ～ ⑥ のうちから一つ選べ。　8

	地表での太陽光の反射率	北極域での気温
①	大きくなる	上がり続ける
②	大きくなる	上がったあと一定となる
③	大きくなる	あまり変化しない
④	小さくなる	上がり続ける
⑤	小さくなる	上がったあと一定となる
⑥	小さくなる	あまり変化しない

B　海水に関する次の問い(問3)に答えよ。

問3　次の図1は，地球全体における大気と海洋による熱輸送量である。縦
　　軸は熱輸送量であり，数値は北向きを正としている。図1から読み取れ
　　ることとして最も適当なものを，後の ① ～ ④ のうちから一つ選べ。
　　　9

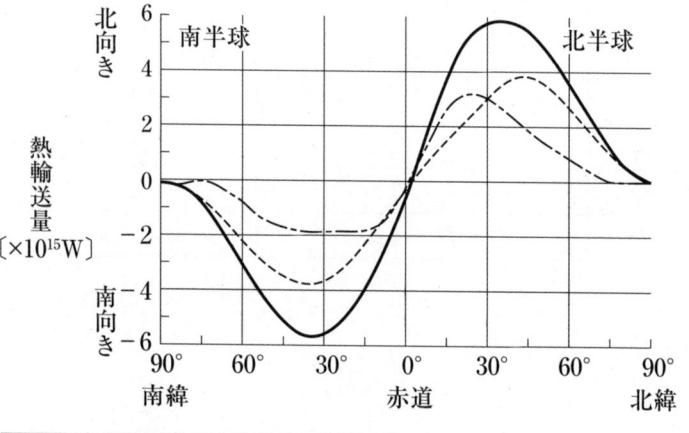

図1　地球全体における大気と海洋による熱輸送量

① 北半球でも南半球でも，熱はおおむね北へと運ばれている。

② 北緯60°付近での全熱輸送量は，海洋による熱輸送量のおよそ1.5倍
　である。

③ 北半球でも南半球でも，高緯度域では主に海洋が熱輸送を担ってい
　る。

④ 海洋において，熱は赤道を越えて南へ運ばれている。

（下書き用紙）

地学基礎の試験問題は次に続く。

第３問　宇宙に関する次の問い(**A・B**)に答えよ。(配点　10)

　A　宇宙に関する次の文章を読み，後の問い(**問1・問2**)に答えよ。

　　高校生のＴさんは，NASA や JAXA のホームページを利用して宇宙について調べている。望遠鏡や人工衛星などの観測手段が発達するにつれて，より遠くの天体が観測できるようになったこと，<u>遠くの天体は天体の過去の姿</u>であることがわかった。また，宇宙における銀河の分布は均質ではなく，次の図１に見られるような銀河の分布であった。図１中の明るい点はすべて銀河であり，銀河が密集していない部分は　**ア**　と呼ばれている。

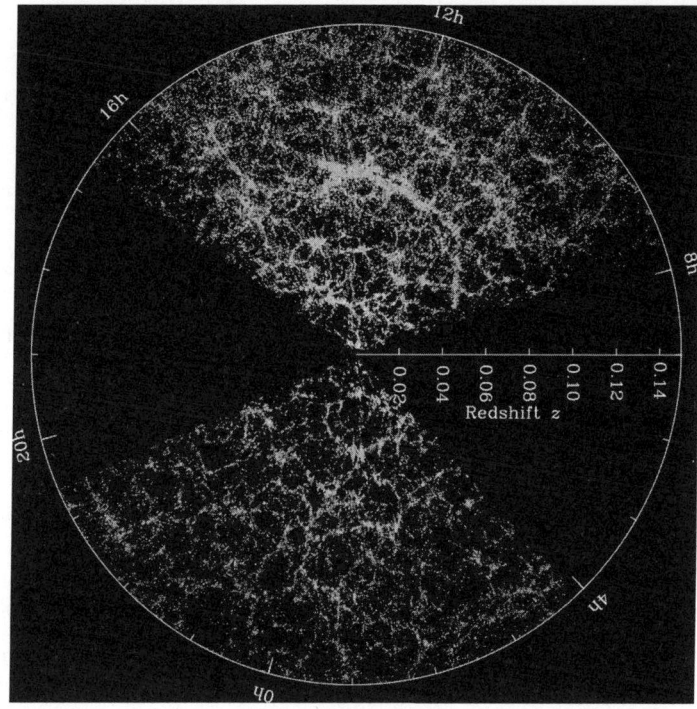

図1　銀河の分布

A map of the local universe as observed by the Sloan Digital Sky Survey.

© M. Blanton and SDSS

問1　66 ページの文章中の下線部について，現代では可視光線以外にも様々な波長の光（電磁波）を用いて天体を観測している。宇宙と光について述べた文として最も適当なものを，次の ① 〜 ④ のうちから一つ選べ。 10

① 光が直進できるようになったのは宇宙誕生から約 38 万年後で，それまでは宇宙の温度は現在とくらべて低かった。

② 光の直進を妨げていた電子がなくなったことを，宇宙の晴れ上がりという。

③ 銀河系内で望遠鏡によって観測できる限界を，宇宙の地平線と呼んでいる。

④ 電波望遠鏡は光学望遠鏡と同様，夜間にのみ銀河の観測ができる。

問2　66 ページの文章中の ア に入れる用語と，その部分に存在する最も割合の多い物質の組合せとして最も適当なものを，次の ① 〜 ⑥ のうちから一つ選べ。 11

	ア	最も割合の多い物質
①	フィラメント（壁）	水　素
②	フィラメント（壁）	ヘリウム
③	フィラメント（壁）	鉄
④	ボイド（空洞）	水　素
⑤	ボイド（空洞）	ヘリウム
⑥	ボイド（空洞）	鉄

B　次の問い(**問3**)に答えよ。

問3　天体の等級は正の整数だけではなく，実数によって表される。5等異なると明るさはちょうど100倍異なり，1等異なると明るさはおおよそ2.5倍異なる。太陽系に近い主な恒星の見かけの等級(地上から観測したときの等級)と地球からの距離は次の表1の通りである。なお，数値はいずれも概算値である。

表1　恒星の見かけの等級と地球からの距離

	恒星名	見かけの等級	地球からの距離
	シリウス	− 1 等星	8.6 光年
ア	ケンタウルス座 *α* 星	0 等星	4.3 光年
イ	バーナード星	10 等星	5.9 光年
ウ	ウォルフ 359	13 等星	7.7 光年

　すべての恒星を同じ距離に置いたと仮定したとき，シリウスよりも明るく見える恒星はあるか，またあるならばその恒星は**ア**〜**ウ**のうちどれであるか。最も適当なものを，次の①〜④のうちから一つ選べ。ただし，星間物質やほかの天体による光の吸収は考えないものとする。

<u>　12　</u>

① この中にはない　　　② **ア**

③ **ア**，**イ**　　　　④ **ア**，**イ**，**ウ**すべて

第4回 実戦問題

69

第４問 自然災害に関する次の問い(問１～3)に答えよ。(配点 10)

問１ 次の図１は，地球表層における炭素の循環を表す。x に当てはまる数値およびその数値の炭素が生じた主な原因の組合せとして最も適当なものを，後の ① ～ ⑥ のうちから一つ選べ。 | 13 |

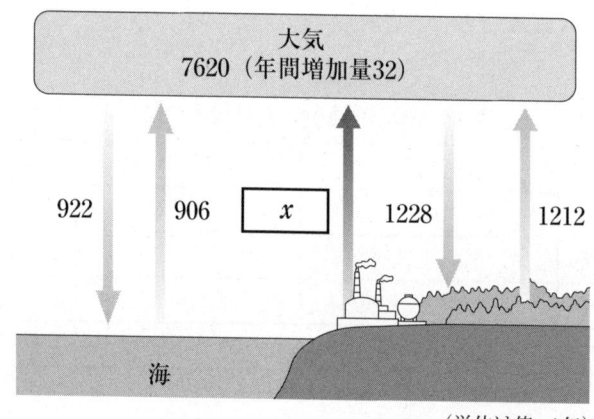

(単位は億 t／年)

図１ 地球表層における炭素の循環(年間)

	x	炭素が生じた主な原因
①	64	オゾン層破壊
②	64	化石燃料の燃焼
③	64	酸性雨
④	32	オゾン層破壊
⑤	32	化石燃料の燃焼
⑥	32	酸性雨

問2 T高校の天文部員は，天体としての地球の将来について考えた。これまでの地球の歴史から考えて，次の予測a・bはそれぞれ適切といえるか。最も適当な組合せを，後の ① ～ ④ のうちから一つ選べ。 14

＜予測＞

　　a　人為的活動で生じるエルニーニョ現象は，今後，さらに状況が悪化する可能性が高い。

　　b　広範囲の生物が死滅するような小天体の衝突はもう起きない。

① 予測a・bとも適切である。
② 予測aは適切であるが，予測bは不適切である。
③ 予測aは不適切であるが，予測bは適切である。
④ 予測a・bとも不適切である。

問3 地球環境に関する文として**誤っているもの**を，下線部に注意して，次の ① ～ ④ のうちから一つ選べ。 15

① オゾン層破壊は<u>低緯度域</u>よりも<u>高緯度域</u>で盛んであることが突き止められている。
② 主な温室効果ガスには，二酸化炭素・メタン・一酸化二窒素・<u>水蒸気</u>がある。
③ 再生可能エネルギーとは，地熱や潮力，<u>断層運動</u>のような自然の力で補充されるエネルギーである。
④ 21世紀末には，状況によっては20世紀末に比べて<u>5 ℃程度の平均気温上昇</u>が見込まれている。

東進　共通テスト実戦問題集

第**5**回

理 科 ① 〔地 学 基 礎〕 $\left(50点\right)$

注 意 事 項

1　解答用紙に，正しく記入・マークされていない場合は，採点できないことがあります。特に，解答用紙の解答科目欄にマークされていない場合又は複数の科目にマークされている場合は，0点となります。

2　試験中に問題冊子の印刷不鮮明，ページの落丁・乱丁及び解答用紙の汚れ等に気付いた場合は，手を高く挙げて監督者に知らせなさい。

3　解答は，解答用紙の解答欄にマークしなさい。例えば，　10　と表示のある問いに対して③と解答する場合は，次の（例）のように**解答番号10の解答欄の③にマーク**しなさい。

（例）

解答番号	解　　　答　　　欄
10	① ② ③ ④ ⑤ ⑥ ⑦ ⑧ ⑨ ⓪ ⓐ ⓑ

4　問題冊子の余白等は適宜利用してよいが，どのページも切り離してはいけません。

5　**不正行為について**

①　不正行為に対しては厳正に対処します。

②　不正行為に見えるような行為が見受けられた場合は，監督者がカードを用いて注意します。

③　不正行為を行った場合は，その時点で受験を取りやめさせ退室させます。

6　試験終了後，問題冊子は持ち帰りなさい。

地　学　基　礎

（解答番号 1 ～ 15 ）

第１問　次の問い（A～C）に答えよ。（配点　20）

A　地球の形と構造に関する次の問い（**問１**・**問２**）に答えよ。

問１　紀元前，エラトステネスは夏至の日の正午における太陽の南中高度差を利用して地球の全周を計算した。アレクサンドリアの930km真南にシエネがあり，シエネでの太陽は真上，アレクサンドリアでは高度83°であった。地球を完全な球体としたとき，地球の全周として最も適当なものを，次の①～④のうちから一つ選べ。 1

① 2.6×10^5 km　　② 3.8×10^5 km

③ 4.7×10^4 km　　④ 5.4×10^4 km

問2　地球の概形とプレート運動について述べた次の文a・bの正誤の組合せとして最も適当なものを，後の ① ～ ④ のうちから一つ選べ。

　　　2

a　地球は，自転による遠心力が生じるため赤道方向に膨らんでいる。自転速度が現在よりも大きかった過去の地球においては，自転のみの影響を考えた場合，現在よりも偏平率が小さかったと考えられる。

b　ヒマラヤ山脈はプレートの収束する境界に位置し，逆断層型の浅発地震がしばしば起きている。

	a	b
①	正	正
②	正	誤
③	誤	正
④	誤	誤

B 地層と化石に関する次の問い(**問 3・問 4**)に答えよ。

問3 Sさんは，採石場で露頭を観察した(図1)。露頭は大きく4つの部分A，B，C，Dに分かれていた。BとDは同じ岩石で，5億2千万年前の花こう岩であることがわかった。Cは1億年前の安山岩の岩脈であり，地層AはB～Dを不整合の関係で覆っていた。次の文章Ⅰ～Ⅲについて，**図1の露頭における観察からわかる事柄**の正誤の組合せとして最も適当なものを，後の①～⑧のうちから一つ選べ。 3

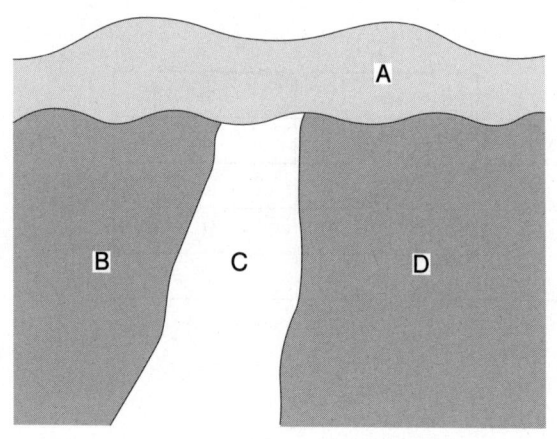

図1 採石場で観察された露頭

Ⅰ 地層Aができる直前には，海水面の変動を伴う気候変動や大きな地殻変動が生じたことが考えられる。

Ⅱ 花こう岩B・Dができた頃は，火山活動が活発で，海底に縞状鉄鉱層がしばしば形成された。

Ⅲ 安山岩の岩脈Cができた頃は，陸上で被子植物が出現したが，哺乳類と鳥類の出現はまだであった。

	I	II	III
①	正	正	正
②	正	正	誤
③	正	誤	正
④	正	誤	誤
⑤	誤	正	正
⑥	誤	正	誤
⑦	誤	誤	正
⑧	誤	誤	誤

問4 次の図2は，大陸で生息していた生物の進化を表す。まず，時代Ⅰに生物ｂが大陸Ｐで出現し，時代Ⅱに生物ｂから生物ａが進化した。時代Ⅲには生物ｂから生物ｃが，時代Ⅳには生物ｃから生物ｄが進化した。

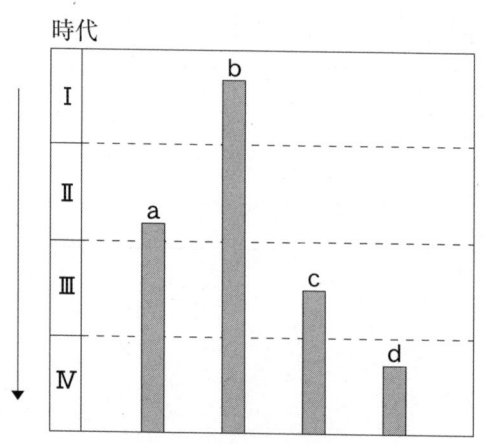

図２ 大陸で生息していた生物の進化

　図２中のすべての進化は，大陸の分裂直後に一方の大陸のみで必ず起きた。

　生物ｂが出現したとき，地球上には大陸Ｐのみが存在した。

　次いで，大陸Ｐは大陸Ｑと大陸Ｒに分かれ，大陸Ｑで生物ａが進化した。

　大陸Ｒは大陸Ｓと大陸Ｔに分裂し，大陸Ｓ・大陸Ｔのいずれかが大陸Ｕと大陸Ｖに分かれた。大陸Ｖには，生物ｂ・生物ｃ・生物ｄが存在した。大陸Ｓには，図２の４種の生物のうち，１種類しか存在しなかった。図２から読み取れる大陸の分裂や生物の進化について述べた文として最も適当なものを，次の ① ～ ④ のうちから一つ選べ。ただし，生物はいずれも大陸間の海を渡ったり，空を飛んで移動したりすることはできず，また大陸はＰ～Ｖ以外には存在しないものとする。　| 4 |

① 生物 a 〜 d のうち，1 種類しか存在しない大陸は三つある。

② 大陸 V 以外にも，生物 d が存在する大陸がある。

③ 生物 a 〜 d のうち，3 種類以上存在する大陸は複数ある。

④ 生物 b の存在しない大陸がある。

C 鉱物と岩石に関する次の問い(**問5・問6**)に答えよ。

問5 岩石は，長い間に様々な作用を経て，相互に変化することが知られている。次の図3は，堆積岩・変成岩・火成岩の関係(岩石サイクル)を模式的に表したものである。図3中の矢印**ア〜カ**はすべて作用を示す。矢印が示す作用について述べた文として**誤っているもの**を，後の ① 〜 ⑤ のうちから一つ選べ。 5

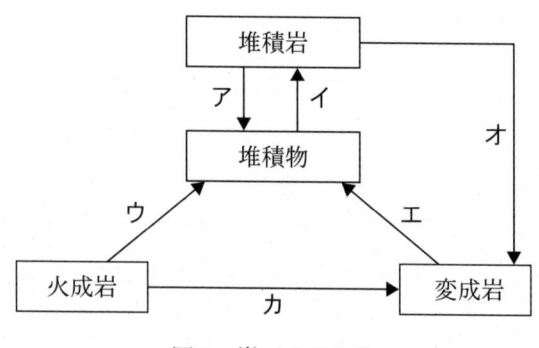

図3 岩石サイクル

① 風化作用・侵食作用を示す矢印は，**ア〜カ**のうち三本ある。

② セメント化作用(膠結作用)は**イ**に含まれる。

③ **ウ**では，温度変化によって岩石中の鉱物が膨張・収縮し，破壊が進む。

④ **カ**では，岩石中の鉱物が固体のまま進行する。

⑤ **オ**では，鉱物が地下水や雨水と反応して進行する。

問6　高校生のTさんは，インターネットや書籍を利用して岩石や鉱物の特徴を調べた。

考察結果1：深成岩は，花こう岩・閃緑岩（せんりょく）・斑（はん）れい岩の順に，色調が白から黒へと変化した。一方，堆積岩は，色調とは別の基準で分類されていた。

考察結果2：岩石は鉱物の集合体であり，火成岩を構成する主要な鉱物のことを造岩鉱物と呼んでいる。造岩鉱物の多くには特定の原子・イオンが含まれていた。

　上記の考察結果1・2をもとに，Tさんはさらに高校の先生や博物館の学芸員の力を借りてわかったことをまとめた。その結果として最も適当なものを，次の ① ～ ④ のうちから一つ選べ。　　6

① 砕屑岩（さいせつ）（堆積岩の一種）の分類は，主に構成する鉱物の種類（化学組成）が基準であることがわかった。

② 深成岩の色調は，深成岩に含まれている SiO_2 の量と対応することが多いとわかった。

③ マグマ中でできる鉱物は，マグマの温度が低下することで，その鉱物本来の形を示すものが増えていくとわかった。

④ 鉱物によっては特定の方向に割れやすい性質があり，岩塩は薄くはがれる性質があることがわかった。

第2問 次の問い(**A・B**)に答えよ。(配点　10)

A 地球のエネルギー収支に関する次の文を読み，後の問い(**問1・問2**)に
答えよ。

地表に降り注ぐ太陽エネルギーを測定するため，図1のような簡易な日
射計をつくった。黒色に塗られた受熱板の表面(受熱面)を，太陽光線に対
して垂直になるよう日射計を設置し，温度計の目盛りを読み取ることで日
射計内部の水温上昇を記録していく。

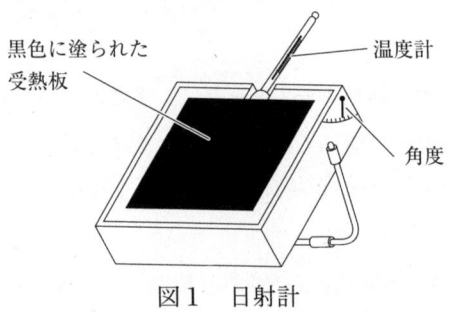

図1　日射計

〔実験1〕：気温よりもやや低温の水で測定すると，15分間で9℃の上昇が
　　　　　見られた。

〔実験2〕：〔実験1〕と同じ条件下で再度実験をした。ところが，受熱面に
　　　　　水滴が付いた状態で実験を開始してしまった。15分間経過した
　　　　　時点で付着した水滴がすべて蒸発していたとすれば，水滴が水
　　　　　蒸気になる際に，　ア　ことによって水温上昇の値は〔実験
　　　　　1〕に比べて　イ　なる。

問1　前ページの図1の日射計の受熱面と同じ面積をもつ面を用い，大気圏上端で太陽光を垂直に受け止めたとする。単位時間あたりに受け取るエネルギーは，〔実験1〕の場合と比べておよそ何倍になるか。最も適当なものを，次の①〜④のうちから一つ選べ。　7

①　2倍　　　②　1.3倍　　　③　0.7倍　　　④　0.5倍

問2　前ページの文章中の　ア　・　イ　に入れる語句の組合せとして最も適当なものを，次の①〜④のうちから一つ選べ。　8

	ア	イ
①	日射計に潜熱を与える	大きく
②	日射計に顕熱を与える	大きく
③	日射計から潜熱を奪う	小さく
④	日射計から顕熱を奪う	小さく

B　海水に関する次の問い(**問 3**)に答えよ。

問3　次の図 2 は，ある晩秋の日の北緯 31°，東経 144° における水温分布である。

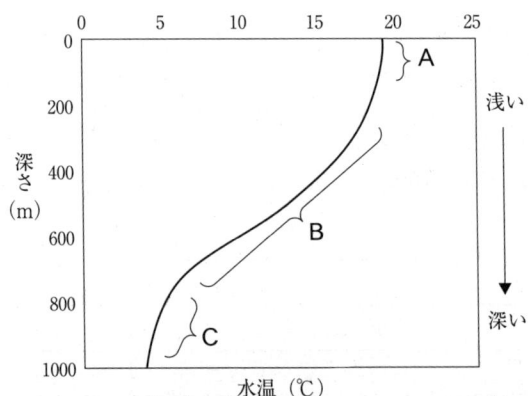

図2　ある晩秋の日の北緯 31°，東経 144° における水温分布

　この図 2 の部分 A，B，C を参考にして，海水温の分布について述べた文として**誤っているもの**を，次の ① 〜 ④ のうちから一つ選べ。

9

① 季節によって，部分 A の厚みは変化する。

② 部分 B の厚みは，高緯度域の海洋では小さくなる。

③ 部分 C の温度は，太陽光線の影響をほとんど受けていない。

④ 部分 C よりも深層においては，地熱によって海水温は上昇する傾向にある。

（下書き用紙）

地学基礎の試験問題は次に続く。

第3問 宇宙に関する次の文章を読み，後の問い（問1～3）に答えよ。

（配点　10）

　太陽系は，銀河系の一部を構成している。銀河系は，銀河のうち，我々が属するものをさし，棒渦巻き銀河の一種とされる。太陽系に恒星は太陽一つしかないが，多種多様な天体が属している。大きいものでは惑星である。惑星は太陽光を反射しており，内惑星（水星・金星）は真夜中に観測できない反面，外惑星（火星・木星など）は一晩中観測できる場合がある。

　小惑星や彗星，隕石は太陽系誕生当初から存在し，当時の様子を保存しているともいわれている。小惑星の多くは火星軌道と木星軌道の間に存在する。彗星は，周期200年を境として，短周期彗星と長周期彗星に分かれる。中には，周期がないもの，つまり二度と戻らないものもある。彗星は一般に惑星に比べて低密度であり，氷を多く含むとされる。小惑星や彗星の中には天体望遠鏡で容易に観測できるものもある。一方，塵のような，天体望遠鏡では観測できない微小な天体もある。

問1　彗星は，太陽系の天体の一種である。彗星に関して述べた次の文章中の　ア　・　イ　に入れる語の組合せとして最も適当なものを，後の①～⑥のうちから一つ選べ。　10

　　彗星は，主に　ア　でできている。彗星のうち特に長周期彗星と呼ばれるものの軌道を調べたところ，あらゆる方向からやってきていた。このことから，長周期彗星の供給源となっている領域は　イ　と推測されている。

第
5
回　実戦問題

	ア	イ
①	氷や塵	太陽系を球殻状に包む
②	岩石や鉄	太陽系を球殻状に包む
③	水素やヘリウム	太陽系を球殻状に包む
④	氷や塵	惑星の公転軌道面と同じ平面上にある
⑤	岩石や鉄	惑星の公転軌道面と同じ平面上にある
⑥	水素やヘリウム	惑星の公転軌道面と同じ平面上にある

問2 しばしば彗星観測は深夜ではなく日の出前・日の入り前後に行う。その理由に関して述べた文として最も適当なものを，次の ① ～ ④ のうちから一つ選べ。 11

① わずかに太陽光があった方が観察しやすいから。

② 地球の自転の関係で，日の出・日の入り頃は彗星がゆっくり動いて見えるから。

③ 彗星の表面は地球による反射光でも輝いているから。

④ 太陽に近い彗星ほど太陽風で尾が伸びて見やすいから。

問3　天文学者のメシエは，彗星探索の際に彗星と区別しがたい天体を「M31」のように命名し，リストを作っていた。アンドロメダ銀河 M31について述べた次のⅠ～Ⅲの事柄の正誤の組合せとして最も適当なものを，後の ① ～ ⑧ のうちから一つ選べ。　12

Ⅰ　アンドロメダ銀河は銀河系などとともに局部銀河群を形成し，局部銀河群は数万光年の広がりをもっている。

Ⅱ　アンドロメダ銀河は，宇宙の膨張とともに我々の銀河系から遠ざかっている。

Ⅲ　アンドロメダ銀河をはじめ，銀河には恒星が数百億～1兆個程度集まっている。

	Ⅰ	Ⅱ	Ⅲ
①	正	正	正
②	正	正	誤
③	正	誤	正
④	正	誤	誤
⑤	誤	正	正
⑥	誤	正	誤
⑦	誤	誤	正
⑧	誤	誤	誤

第 4 問 地球の環境と自然災害に関する次の問い(**問 1 ～ 3**)に答えよ。

(配点 10)

問1 気候が変化する際に，その変化を増幅するしくみを正のフィードバックといい，一例を次に示す。次の文章中の ア ・ イ に入れる語の組合せとして最も適当なものを，後の ① ～ ⑥ のうちから一つ選べ。 13

地球が温暖化する

　　↓

北極圏で永久凍土が融ける

　　↓

北極圏での地表における太陽光反射が ア なり，また，地中から イ が放出される

　　↓

さらに地球の温暖化が進む

	ア	イ
①	強く	フロン
②	強く	オゾン
③	強く	メタン
④	弱く	フロン
⑤	弱く	オゾン
⑥	弱く	メタン

問2　次の図1は，日本で観測された集中豪雨（日降水量400mm以上）の発生日数（1976～2021年）である。

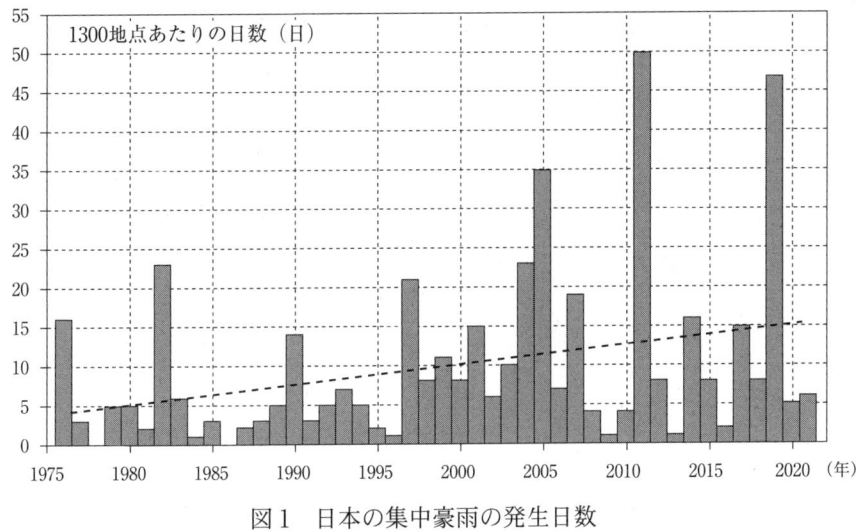

図1　日本の集中豪雨の発生日数

（気象庁 HP より）

　図1よりわかるように，集中豪雨の発生日数は増加傾向にあり，それに伴って，様々な土砂災害が起きている。次の文a～cは，地すべり・崖崩れ・土石流のいずれかを説明したものである。組合せとして最も適当なものを，後の **①**～**⑥** のうちから一つ選べ。　14

a　広範囲で大量の土砂が移動する現象で，その速度は比較的小さい。

b　急斜面において起きる現象で，大地震に伴って起きることもある。

c　谷底に堆積している土砂が高速で流れ下り，大きな破壊力をもつ。

	地すべり	崖崩れ	土石流
①	a	b	c
②	a	c	b
③	b	a	c
④	b	c	a
⑤	c	a	b
⑥	c	b	a

問3 ある地震における観測結果は，次の表1の通りである。

表　1

	初期微動開始時刻	主要動開始時刻	震源距離
地点A	9：30：08	9：30：18	70 km
地点B	9：30：28	9：30：58	210 km

時刻は「時：分：秒」で表す。

　震源距離が35 kmの地点Cで初期微動を観測し，その6秒後に緊急地震速報が発出された。緊急地震速報は発出と同時に各地点に到達したとする。各地点で起きた事柄について述べた文として最も適当なものを，次の①～④のうちから一つ選べ。ただし，地点A～Cを含む地域の地質構造は均質で，この地域内でのP波速度・S波速度の変化は見られないとする。　| 15 |

① 地点A～Cすべてで，主要動到着までに緊急地震速報が間に合った。

② 地点A・Bのみ，主要動到着までに緊急地震速報が間に合った。

③ 地点Bのみ，主要動到着までに緊急地震速報が間に合った。

④ 地点A～Cすべてで，主要動到着までに緊急地震速報が間に合わなかった。

東進 共通テスト実戦問題集 理科① 解答用紙

注意事項

1 訂正は、消しゴムできれいに消し、消しくずを残してはいけません。
2 所定欄以外にはマークしたり、記入したりしてはいけません。
3 汚したり、折り曲げたりしてはいけません。

解答番号	解答欄 1 2 3 4 5 6 7 8 9 0 a b
1	① ② ③ ④ ⑤ ⑥ ⑦ ⑧ ⑨ ⓪ ⓐ ⓑ
2	① ② ③ ④ ⑤ ⑥ ⑦ ⑧ ⑨ ⓪ ⓐ ⓑ
3	① ② ③ ④ ⑤ ⑥ ⑦ ⑧ ⑨ ⓪ ⓐ ⓑ
4	① ② ③ ④ ⑤ ⑥ ⑦ ⑧ ⑨ ⓪ ⓐ ⓑ
5	① ② ③ ④ ⑤ ⑥ ⑦ ⑧ ⑨ ⓪ ⓐ ⓑ
6	① ② ③ ④ ⑤ ⑥ ⑦ ⑧ ⑨ ⓪ ⓐ ⓑ
7	① ② ③ ④ ⑤ ⑥ ⑦ ⑧ ⑨ ⓪ ⓐ ⓑ
8	① ② ③ ④ ⑤ ⑥ ⑦ ⑧ ⑨ ⓪ ⓐ ⓑ
9	① ② ③ ④ ⑤ ⑥ ⑦ ⑧ ⑨ ⓪ ⓐ ⓑ
10	① ② ③ ④ ⑤ ⑥ ⑦ ⑧ ⑨ ⓪ ⓐ ⓑ

解答番号	解答欄 1 2 3 4 5 6 7 8 9 0 a b
11	① ② ③ ④ ⑤ ⑥ ⑦ ⑧ ⑨ ⓪ ⓐ ⓑ
12	① ② ③ ④ ⑤ ⑥ ⑦ ⑧ ⑨ ⓪ ⓐ ⓑ
13	① ② ③ ④ ⑤ ⑥ ⑦ ⑧ ⑨ ⓪ ⓐ ⓑ
14	① ② ③ ④ ⑤ ⑥ ⑦ ⑧ ⑨ ⓪ ⓐ ⓑ
15	① ② ③ ④ ⑤ ⑥ ⑦ ⑧ ⑨ ⓪ ⓐ ⓑ
16	① ② ③ ④ ⑤ ⑥ ⑦ ⑧ ⑨ ⓪ ⓐ ⓑ
17	① ② ③ ④ ⑤ ⑥ ⑦ ⑧ ⑨ ⓪ ⓐ ⓑ
18	① ② ③ ④ ⑤ ⑥ ⑦ ⑧ ⑨ ⓪ ⓐ ⓑ
19	① ② ③ ④ ⑤ ⑥ ⑦ ⑧ ⑨ ⓪ ⓐ ⓑ
20	① ② ③ ④ ⑤ ⑥ ⑦ ⑧ ⑨ ⓪ ⓐ ⓑ

解答番号	解答欄 1 2 3 4 5 6 7 8 9 0 a b
21	① ② ③ ④ ⑤ ⑥ ⑦ ⑧ ⑨ ⓪ ⓐ ⓑ
22	① ② ③ ④ ⑤ ⑥ ⑦ ⑧ ⑨ ⓪ ⓐ ⓑ
23	① ② ③ ④ ⑤ ⑥ ⑦ ⑧ ⑨ ⓪ ⓐ ⓑ
24	① ② ③ ④ ⑤ ⑥ ⑦ ⑧ ⑨ ⓪ ⓐ ⓑ
25	① ② ③ ④ ⑤ ⑥ ⑦ ⑧ ⑨ ⓪ ⓐ ⓑ
26	① ② ③ ④ ⑤ ⑥ ⑦ ⑧ ⑨ ⓪ ⓐ ⓑ
27	① ② ③ ④ ⑤ ⑥ ⑦ ⑧ ⑨ ⓪ ⓐ ⓑ
28	① ② ③ ④ ⑤ ⑥ ⑦ ⑧ ⑨ ⓪ ⓐ ⓑ
29	① ② ③ ④ ⑤ ⑥ ⑦ ⑧ ⑨ ⓪ ⓐ ⓑ
30	① ② ③ ④ ⑤ ⑥ ⑦ ⑧ ⑨ ⓪ ⓐ ⓑ

※複数回使用する場合は複写してご利用ください。

マーク例

良い例 ●
悪い例 ◑ ○ ⦸

受験番号を記入し、その下のマーク欄にマークしなさい。

受験番号欄

	千位	百位	十位	一位	英字
	−	⓪	⓪	⓪	Ⓐ
	①	①	①	①	Ⓑ
	②	②	②	②	Ⓒ
	③	③	③	③	Ⓗ
	④	④	④	④	Ⓚ
	⑤	⑤	⑤	⑤	Ⓜ
	⑥	⑥	⑥	⑥	Ⓡ
	⑦	⑦	⑦	⑦	Ⓤ
	⑧	⑧	⑧	⑧	Ⓧ
	⑨	⑨	⑨	⑨	Ⓨ
				−	Ⓩ

氏名・フリガナ、試験場コードを記入しなさい。

フリガナ	
氏名	

試験場コード	十万位	万位	千位	百位	十位	一位

BASIC EARTH SCIENCE

共通テスト実戦問題集
地学基礎

BASIC

解答解説編
Answer / Explanation

EARTH SCIENCE

東進ハイスクール・東進衛星予備校 講師
青木 秀紀
AOKI Hideki

東進ブックス

はじめに

執筆者の青木秀紀です。

　この本は，本番さながらの5回の演習を通して，実戦力をつけるためのものである。問題はすべてオリジナルで，共通テスト本番の形式・内容にマッチしている。取り組む際は，必ず30分間でやりきること。たとえ20分間で仕上がったとしても，30分間を費やすことが重要である。

◆共通テスト「地学基礎」の特徴

　共通テスト「地学基礎」の特徴はズバリ，計算問題は気にする対象ではない，ということである。理科に計算はつきもので，計算問題を多く解きたいという声をよくいただく。ところが実際は，本格的な計算を伴う設問は，センター試験「地学基礎」を合わせてもほとんど出ていない。

　それでは，何が重要なのか。

　「自然現象への理解」である。自然界のメカニズム（仕組み）を理解すること。これにつきる。本書では，徹底してメカニズムをマスターすることに重点を置いて解説している。

◆時間的流れ・空間的広がりが重要

　如実に得点率が低い分野，それは，時系列を追っていかねばならなかったり，空間的なスケールが問われたりする問題である。

　問題用紙という平面上には，見かけ上，時の流れは見えない。具体的な分野で言うと，地層の観察である。問題文や地質図を読んで，起きたことを古い順に推定していく。時間がかかる。手間もかかる。それが，大学入試センターが要求しているレベルなのである。起きた地学的出来事を古い順に並べるとき，「AがBより古いとすれば…」のような，仮定が必要になる。仮定し，推定し，組み立てる。脳みそにしっかり汗をかこう！

◆過去問は重要

　本書に取り組む準備段階としては，教科書を通読し，一応は理解しておくことが必要である。高校の教科書が難しいのなら，中学の教科書から読むべきだ。物事には順序がある。それを無視した勉強は，不可能なのである。

　実は，「地学基礎」については，センター試験も共通テストも，大きな違いはない。本書の利用と前後して，新しいものから順に，過去の本試験を解くことをおすすめする。そして，追試験も新しい順に解こう。余裕があれば，専門「地学」の「地学基礎」相当分野で思考力を鍛えるのも，悪くないだろう。ただし，まずは自然界のメカニズムを理解すること。

　解説動画もあわせて，「地学基礎」の内容を網羅している。安心して取り組んでほしい。皆さんの成功を願っている。

2023 年 7 月　青木秀紀

この画像をスマートフォン等で読み取ると，ワンポイント解説動画が視聴できます（以下同）。

本書の特長

❶ 実戦力が身につく問題集

　本書では，膨大な資料を徹底的に分析し，その結果に基づいて共通テストと同じ形式・レベルのオリジナル問題を計5回分用意した。

　共通テストで高得点を得るためには，大学教育を受けるための基礎知識はもとより，思考力や判断力など総合的な力が必要となる。そのような力を養うためには，何度も問題演習を繰り返し，出題形式に慣れ，出題の意図をつかんでいかなければならない。本書に掲載されている問題は，その訓練に最適なものばかりである。本書を利用し，何度も問題演習に取り組むことで，実戦力を身につけていこう。

❷ 東進実力講師によるワンポイント解説動画

　「はじめに」と各回の解答解説冒頭（扉）に，ワンポイント解説動画のQRコードを掲載。スマートフォンなどで読み取れば，解説動画が視聴できる仕組みになっている。解説動画を見て，共通テストの全体概要や各大問の出題傾向をつかもう。

【解説動画の内容】

解説動画	ページ	解説内容
はじめに	3	入試はクイズ大会ではないし，計算大会でもない
第1回	17	固体地球Ⅰ　紀元前には，地球は測量されている
第2回	29	固体地球Ⅱ　熱は，高いところから低いところへ
第3回	41	地球の歴史と変化　宇宙の始まり，太陽系の始まり
第4回	57	大気と海洋　層構造は，生物由来
第5回	69	天文　実験できない世界

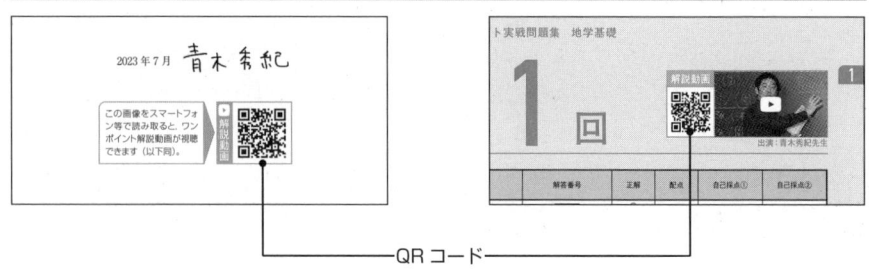

2023年7月 青木秀紀

この画像をスマートフォン等で読み取ると，ワンポイント解説動画が視聴できます（以下同）。

QRコード

❸ 詳しくわかりやすい解説

本書では，入試問題を解くための知識や技能が修得できるよう，様々な工夫を凝らしている。問題を解き，採点を行ったあとは，しっかりと解説を読み，復習を行おう。

【解説の構成】

❶解答一覧

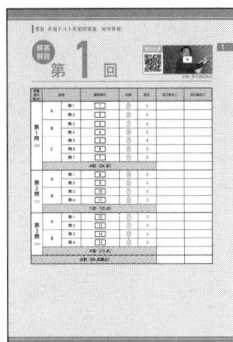

正解と配点の一覧表。各回の扉に掲載。マークシートの答案を見ながら，自己採点欄に採点結果を記入しよう。

❷解説

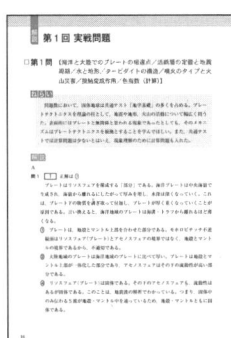

設問の解説に入る前に，「出題分野」と「出題のねらい」を説明する。まずは，こちらを確認して出題者の視点をつかもう。設問ごとの解説では，知識や解き方をわかりやすく説明する。

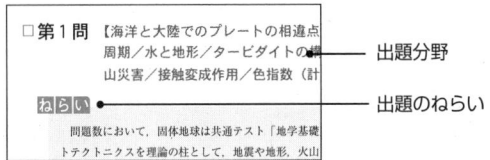

本書の使い方

別冊 問題編

　本書は，別冊に問題，本冊に解答解説が掲載されている。まずは，別冊の問題を解くところから始めよう。

① 注意事項を読む

◀**問題編 扉**

問題編各回の扉に，問題を解くにあたっての注意事項を掲載。本番同様，問題を解く前にしっかりと読もう。

注意事項

② 問題を解く

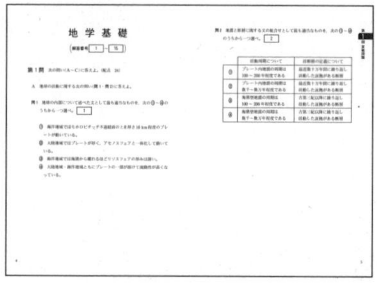

◀**問題（全5回収録）**

タイマーで時間を計って問題を解いてみよう。「理科基礎」の試験時間は2科目で60分なので，1科目あたり30分を目処に解答すること。

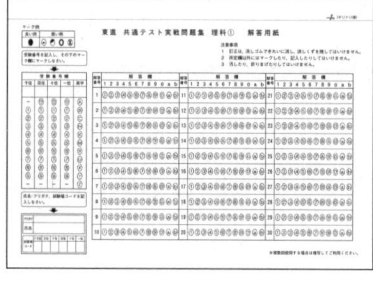

◀**マークシート**

解答は本番と同じように，付属のマークシートに記入するようにしよう。複数回実施するときは，コピーをして使おう。

本冊 解答解説編

① 採点をする／ワンポイント解説動画を視聴する

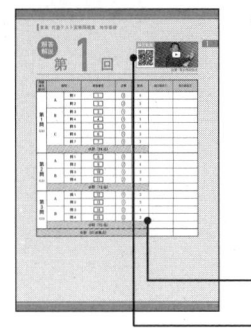

◀解答解説編 扉

各回の扉には，正解と配点の一覧表が掲載されている。問題を解き終わったら，正解と配点を見て採点しよう。また，右上部のQRコードをスマートフォンなどで読み取ると，著者によるワンポイント解説動画を見ることができる。

配点表

QRコード（扉のほかに，「はじめに」にも掲載）

② 解説を読む

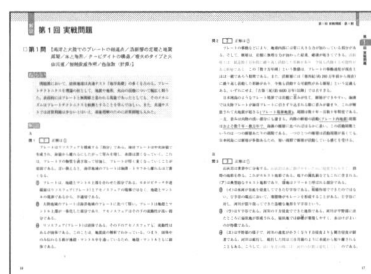

◀解答解説

解説を熟読していて難しく感じた部分には印を付けたりノートに書き取ったりしておくこと。苦手な分野が見えてきたら，教科書や参考書を活用して克服しよう。

③ 復習する

再びタイマーを30分に設定して，マークシートを使いながら解き直そう。

目次

特集①～共通テストについて～

① 大学入試の種類

　大学入試は「**一般選抜**」と「**特別選抜**」に大別される。一般選抜は高卒（見込）・高等学校卒業程度認定試験合格者（旧大学入学資格検定合格者）ならば受験できるが，特別選抜は大学の定めた条件を満たさなければ受験できない。

❶一般選抜

　一般選抜は1月に実施される「**共通テスト**」と，主に2月から3月にかけて実施される大学独自の「**個別学力検査**」（以下，**個別試験**）のことを指す。国語，地理歴史（以下，地歴），公民，数学，理科，外国語といった学力試験による選抜が中心となる。

　国公立大では，1次試験で共通テスト，2次試験で個別試験を課し，これらを総合して合否が判定される。

　一方，私立大では，大きく分けて①**個別試験のみ**，②**共通テストのみ**，③**個別試験と共通テスト**，の3通りの型があり，②③を「**共通テスト利用方式**」と呼ぶ。

❷特別選抜

　特別選抜は「**学校推薦型選抜**」と「**総合型選抜**」に分かれる。

　学校推薦型選抜とは，出身校の校長の推薦により，主に調査書で合否を判定する入試制度である。大学が指定した学校から出願できる「**指定校制推薦**」と，出願条件を満たせば誰でも出願できる「**公募制推薦**」の大きく2つに分けられる。

　総合型選抜は旧「**AO入試**」のことで，大学が求める人物像（アドミッション・ポリシー）と受験生を照らし合わせて合否を判定する入試制度である。

　かつては原則として学力試験が免除されていたが，近年は学力要素の適正な把握が求められ，国公立大では共通テストを課すことが増えてきている。

❷ 共通テストの基礎知識

　2021年度入試（2021年1月実施）より「大学入試センター試験」（以下，センター試験）に代わって始まった共通テストは，「独立行政法人 大学入試センター」が運営する**全国一斉の学力試験**である。

❶センター試験からの変更点

　大きな変更点としては，①英語でリーディングとリスニングの**配点比率が一対一**になったこと（各大学での合否判定における点数の比重は，大学によって異なるので注意），②今までの「知識・技能」中心の出題だけではなく「**思考力・判断力・表現力**」を評価する出題が追加されたこと，の2つが挙げられる。

　少子化や国際競争が進む中，2013年に教育改革の提言がなされ，大学入試改革を含む教育改革が本格化した。そこでは，これからの時代に必要な力として，①知識・技能の確実な修得，②（①をもとにした）思考力・判断力・表現力，③主体性を持って多様な人々と協働して学ぶ態度，の「**学力の3要素**」が必要とされ，センター試験に代わって共通テストでそれらを評価するための問題が出題されることとなった。

❷出題形式

　共通テストは，旧センター試験と同様の**マークシート方式**である。選択肢から正解を選び，マークシートの解答番号を鉛筆で塗りつぶしていくが，マークが薄かったり，枠内からはみ出ていたりする場合には機械で読み取れないことがある。また，マークシートを提出せず持ち帰ってしまった場合は0点になる。このように，正解しても得点にならない場合があるので注意が必要だ。

　なお，共通テストの実際の成績がわかるのは大学入試が終わったあとになる。そのため，**自分の得点は自己採点でしか把握できない**。国公立大入試など，共通テストの自己採点結果をもとに出題校を決定する場合があるので，必ず問題冊子に自分の解答を記入しておこう。

❸出題教科・科目の出題方法（2023年度入試）

教科	出題科目	出題方法等	科目選択の方法等	試験時間（配点）
国語	『国語』	「国語総合」の内容を出題範囲とし、近代以降の文章、古典（古文、漢文）を出題する。		80分（200点）
地理歴史 / 公民	「世界史A」「世界史B」「日本史A」「日本史B」「地理A」「地理B」「現代社会」「倫理」「政治・経済」「倫理，政治・経済」	『倫理，政治・経済』は、「倫理」と「政治・経済」を総合した出題範囲とする。	左記出題科目の10科目のうちから最大2科目を選択し、解答する。ただし、同一名称を含む科目の組合せで2科目を選択することはできない。なお、受験する科目数は出願時に申し出ること。	〈1科目選択〉60分（100点）〈2科目選択〉130分（うち解答時間120分）（200点）
数学①	『数学Ⅰ』『数学Ⅰ・数学A』	『数学Ⅰ・数学A』は、「数学Ⅰ」と「数学A」を総合した出題範囲とする。ただし、次に記す「数学A」の3項目の内容のうち、2項目以上を学習した者に対応した出題とし、問題を選択解答させる。〔場合の数と確率、整数の性質、図形の性質〕	左記出題科目の2科目のうちから1科目を選択し、解答する。	70分（100点）
数学②	『数学Ⅱ』『数学Ⅱ・数学B』『簿記・会計』『情報関係基礎』	『数学Ⅱ・数学B』は、「数学Ⅱ」と「数学B」を総合した出題範囲とする。ただし、次に記す「数学B」の3項目の内容のうち、2項目以上を学習した者に対応した出題とし、問題を選択解答させる。〔数列、ベクトル、確率分布と統計的な推測〕『簿記・会計』は、「簿記」及び「財務会計Ⅰ」を総合した出題範囲とし、「財務会計Ⅰ」については、株式会社の会計の基礎的事項を含め、〔財務会計の基礎〕を出題範囲とする。『情報関係基礎』は、専門教育を主とする農業、工業、商業、水産、家庭、看護、情報及び福祉の8教科に設定されている情報に関する基礎的科目を出題範囲とする。	左記出題科目の4科目のうちから1科目を選択し、解答する。ただし、科目選択に当たり、『簿記・会計』及び『情報関係基礎』の問題冊子の配布を希望する場合は、出願時に申し出ること。	60分（100点）
理科①	「物理基礎」「化学基礎」「生物基礎」「地学基礎」		左記出題科目の8科目のうちから下記のいずれかの選択方法により科目を選択し、解答する。A：理科①から2科目B：理科②から1科目C：理科①から2科目及び理科②から1科目D：理科②から2科目なお、受験する科目の選択方法は出願時に申し出ること。	【理科①】〈2科目選択〉60分（100点）【理科②】〈1科目選択〉60分（100点）〈2科目選択〉130分（うち解答時間120分）（200点）
理科②	「物理」「化学」「生物」「地学」			
外国語	『英語』『ドイツ語』『フランス語』『中国語』『韓国語』	『英語』は、「コミュニケーション英語Ⅰ」に加えて「コミュニケーション英語Ⅱ」及び「英語表現Ⅰ」を出題範囲とし、【リーディング】と【リスニング】を出題する。なお、【リスニング】には、聞き取る英語の音声を2回流す問題と、1回流す問題がある。	左記出題科目の5科目のうちから1科目を選択し、解答する。ただし、科目選択に当たり、『ドイツ語』、『フランス語』、『中国語』及び『韓国語』の問題冊子の配布を希望する場合は、出願時に申し出ること。	『英語』【リーディング】80分（100点）【リスニング】60分（うち解答時間60分）（100点）『ドイツ語』『フランス語』『中国語』『韓国語』【筆記】80分（200点）

【備考】1「 」で記載されている科目は、高等学校学習指導要領上設定されている科目を表し、『 』はそれ以外の科目を表す。
2 地理歴史及び公民の「科目選択の方法等」欄中の「同一名称を含む科目の組合せ」とは、「世界史A」と「世界史B」、「日本史A」と「日本史B」、「地理A」と「地理B」、「倫理」と「倫理，政治・経済」及び「政治・経済」と「倫理，政治・経済」の組合せをいう。
3 地理歴史及び公民並びに理科②の試験時間において2科目を選択する場合は、解答順に第1解答科目及び第2解答科目に区分し各60分間で解答を行うが、第1解答科目及び第2解答科目に答案回収等を行うための時間を試験時間に加えた時間とする。
4 理科①については、1科目のみの受験は認めない。
5 外国語において『英語』を選択する受験者は、原則として、リーディングとリスニングの双方を解答する。
6 リスニングは、音声問題を用い30分間で解答を行うが、解答開始前に受験者に配付したICプレーヤーの作動確認・音量調節を受験者本人が行うために必要な時間を加えた時間を試験時間とする。

特集②〜共通テスト「地学基礎」の傾向と対策〜

「はじめに」でも述べたように，共通テストの「地学基礎」はセンター試験の時代から，それほど変わっていない。他教科に比べて文章は簡潔で，大量の資料を読みこなさないといけない，というわけではない。そして，計算に追われるということもない。おそらく，今後もそうであろう。

近年の出題をもとに，分野別に傾向と対策を述べる。学んでほしいことや，重要事項を極力簡潔に記した。以下は，おおむね，実際の試験での出題順である。

① 固体地球

1）地球の形状

地球の大きさと形がどのように推定されてきたか，歴史や観測結果とともに理解しよう。簡単な比例計算も出題されることがある。本文に図がないこともあるため，普段から図を描いてみることが重要である。

2）地球の層構造

プレートと地殻の違い，地震波の伝播などを理解しよう。他の太陽系惑星との比較も重要である。重力や地磁気まで理解する必要はない。

3）プレートテクトニクス

プレートテクトニクスが絡んだ問題は多岐にわたる。プレートが動くことでできる地形，火山列。プレートの沈み込みによって生じる地震とそのメカニズム。プレート境界での火山活動の種類，などが主である。「プレートが動くから，○○が△△となる」というような仕方で理解しよう。

4）地震・火山

Ｐ波とＳ波の違いを問う問題や，地理学的な火山の分類は，重要度は低い。地震活動や火山活動が起こす身近な現象を中心に勉強しよう。具体的には断層運動・液状化現象・津波・火砕流・ハザードマップなどである。火山については，火山

のスケール比較も重要である。

② 地球の歴史と変化

1）地表の変化

　流水は地形を変化させ，また，堆積物を海底へと運び，地層ができる。露頭で地層をよく見ると，地層ができた順，その際に生じた環境変化がわかる。例えば，タービダイトは深海でできた。タービダイトには級化層理のような地層の上下を判断できる構造が見られる。タービダイトを露頭で観察できるということは，長い年月をかけて地殻変動によって地表に露出した，ということである。

2）生命の進化と環境の変化

　地球ができた頃，海はなく，陸もなく，当然生物もいなかった。それどころか，岩石さえなく，大気は水蒸気と二酸化炭素で構成されていた。酸素を生み出したのは生物であり，生物が生み出した酸素はオゾンとなり，大気に大きな変化をもたらした。46億年の間には，大陸は離合集散を繰り返し，平均気温はめまぐるしく変わり，生物は大量絶滅に何度も出くわした。時系列に変化を学ぼう。ただし，○億△千万年前という情報は重要ではない。

③ 大気と海洋

1）大気の構造と性質

　大気の構造は，まず，地表から上空へと順に追うことである。高度と気温の変化はセットである。太陽の影響は理解する上で重要である。地表は太陽光で暖まり，暖まった地表が対流圏を暖める。成層圏のオゾン層は太陽からの紫外線をカットする。太陽からの強いX線や紫外線は，地球大気を電離させたり，オーロラを生じさせたりする。

2）海洋の構造と性質

　大気が高度100kmまでその組成がほぼ一定であるように，海洋も深さや緯度によって，それほどは組成・塩分濃度ともに変わらない。これは，大気や海洋が

常に動いているからにほかならない。

　海洋の構造は，表層（混合層）から深層へと順に追っていこう。表層は，大気と太陽の影響が大きく，深層は極（北極・南極）の影響が大きい。

3）大気・海洋の循環と気候

　大気も海洋も，水平方向に，鉛直方向にと絶えず循環している。例えば，ハドレー循環は赤道から上昇し，亜熱帯で下降する。その一部は偏西風となって西から東へと吹き，中緯度地方の気候を支配する。大気・海洋の循環が，気候を決定づけるのである。

④ 天文

1）太陽系の成り立ち

　太陽系を作る実験は不可能であるが，さまざまな状況証拠から，太陽系の成り立ちがわかってきた。成り立ちを時系列に追うことが重要である。太陽系形成においては，太陽と惑星の距離が，惑星の性質を決定づけた。太陽から近い順に天体を見ていくことが重要である。果てにはオールトの雲があると言われるが，未発見である。オールトの雲とは，彗星のふるさとであるが，彗星のような小天体も現行課程では重要視されている。

2）宇宙の成り立ちと広がり

　太陽系誕生と同様に，宇宙開闢もずいぶんと研究が進んだ。原子さえなく，光さえ直進できなかった宇宙から現在に至る過程を順に追っていこう。地球内部や大気と同様，宇宙にも層構造（階層構造）が見られる。惑星系から銀河，銀河群から銀河団…のように。小さいスケールから大きなスケールへと追いかけよう。

3）恒星としての太陽

　HR図や恒星進化論一般は重要ではない。太陽の成り立ち・性質そして将来を知ろう。太陽が地球に及ぼす影響も重要である。

　分析は以上である。かつてのセンター試験経験者や指導者の中には，上記の内容に疑問を持つ者もいるだろう。例えば，上記では，岩石や鉱物の羅列的分類は出ていない。もちろん，重要度が低いからである。これは，出題頻度が低いという意味ではない。「重要な内容」と「表面的な出題」は異なるのである。受験生が忘れてはいけないのは，高得点を取るためには何が優先されるか，である。表面的な知識は得点にはつながらない。知識はあくまでも学習の結果なのである。

解答
解説

第回

 解説動画

出演：青木秀紀先生

1

問題番号（配点）	設問		解答番号	正解	配点	自己採点①	自己採点②
第1問 (24)	A	問1	1	③	4		
		問2	2	②	3		
	B	問3	3	①	4		
		問4	4	③	3		
	C	問5	5	①	4		
		問6	6	⑤	3		
		問7	7	①	3		
小計（24点）							
第2問 (13)	A	問1	8	③	3		
		問2	9	②	4		
	B	問3	10	①	3		
		問4	11	②	3		
小計（13点）							
第3問 (13)	A	問1	12	①	3		
		問2	13	①	3		
	B	問3	14	②	4		
		問4	15	②	3		
小計（13点）							
合計（50点満点）							

□ **第1問** 【海洋と大陸でのプレートの相違点／地震周期と活断層の定義／水と地形／タービダイトの構造／噴火のタイプと火山災害／接触変成作用／色指数（計算）】

ねらい

　問題数において，固体地球は共通テスト「地学基礎」の多くを占める。プレートテクトニクスを理論の柱として，地震や地形，火山の活動について幅広く問うた。表面的にはプレートと無関係と思われる現象であったとしても，そのメカニズムはプレートテクトニクスを根拠とすることを学んでほしい。また，共通テストでは計算問題は少ないとはいえ，現象理解のために計算問題も入れた。

解説

A

問1　| 1 |　正解は ③

　プレートはリソスフェアを構成する「部分」である。海洋プレートは中央海嶺で生成され，海嶺から離れるにしたがって厚みを増し，水深は深くなっていく。これは，プレート下の物質を剥ぎ取って付加し，プレートが厚く重くなっていくことが原因である。言い換えると，海洋地域のプレートは海溝・トラフから離れるほど薄くなる。

① プレートは，地殻とマントル上部を合わせた部分である。モホロビチッチ不連続面はリソスフェア（プレート）とアセノスフェアの境界ではなく，地殻とマントルの境界であるから，不適切である。

② 大陸地域のプレートは海洋地域のプレートに比べて厚い。プレートは地殻とマントル上部が一体化した部分であり，アセノスフェアはその下の流動性が高い部分である。

④ リソスフェア（プレート）は固体である。その下のアセノスフェアも，流動性はあるが固体である。このことは，地震波の解析でわかっている。なお，固体中のみ伝わるS波が地殻・マントル中を通っているため，地殻・マントルともに固体である。

問2　2　正解は②

　　プレートの移動などにより，地球内部には常に大きな力が加わっている部分がある。そして，断層は，岩盤に無理な力が加わった結果，破壊が起きてできる。活断層とは，最近数十万年間に繰り返し活動した形跡があり，今後も活動する可能性がある断層である。この「数十万年間」という数値は，プレートの移動速度が現在とほぼ一緒であろう期間である。なお，活断層は陸上だけでなく海底にも存在する。また，活断層には「第四紀（約260万年前から現在）に繰り返し活動した形跡があり，今後も活動する可能性がある断層」という定義もある。いずれにせよ，「古第三紀（約6600万年）以降」では古すぎる。

　　日本列島のようなプレート境界では岩盤に歪み（ひず）が生じ，断層ができやすい。海溝では大陸プレートが海洋プレートに引きずり込まれる際に歪みが溜まり，これが解放されて大地震が起きる(プレート境界地震)。周期は数十年〜百数十年程度である。一方，歪みは内陸の浅い部分にも溜まる。内陸の断層の活動(プレート内地震)周期はおよそ数千年〜数万年で，海溝の断層に比べればはるかに長い。この活動周期というのは一つの断層あたりの周期である。一つひとつの断層は活動周期が長くても，日本列島には断層が多数あるため，短い周期で断層が活動している感じを受ける。

B

問3　3　正解は①

　　石灰岩は世界中に分布する。石灰岩は水に溶けやすいために侵食されやすく，独特の地形を作る。これがカルスト地形である。地下の鍾乳洞（しょう）などもこれに含まれる。アは典型的なカルスト地形であり，窪地（くぼ）はドリーネと呼ばれる部分である。

②　イは氷河が谷底を侵食してできたU字谷である。堆積作用（たい）でできたのではない。U字谷の端点において，堆積物がモレーンを形成することがある。U字谷に対し，河川が削り取ってできた急峻な地形をV字谷という。

③　ウはV字谷である。河川の下方侵食でできた地形である。河川が平野部に出たところに扇状地が形成される。扇状地では砂礫（れき）が堆積しやすく，水はけがよいのが特徴である。

④　エは平野部の様子で，河川の速度が小さくなり下方侵食よりも側方侵食が顕著である。河川は蛇行し，蛇行した川は三日月湖のように本流から切り離されることもある。こうして，長い年月の間には，河川の位置は変化していくのである。

問4 　4　 正解は ③

大陸棚は水深200 m程度であり，地学的には陸地の延長である。陸の平均高度が800 m程度であるのに対し，海洋の平均水深は3800 mもある。

大洋底は深さ4000 m程度の深海底である。大陸棚付近の堆積物が，強い地震動や嵐によって刺激され，地滑りを起こすことで大洋底へと砕屑物がなだれ込む（乱泥流，混濁流）。水中を様々な砕屑物が沈んでいくため，大洋底では級化層理が形成される。つまり，上位ほど粒径が小さい地層をつくる。砕屑粒子は小さいほど堆積に時間を要するため，図中では厚く示されている。

海底地すべりが繰り返し起きることでできた地層をタービダイトという。深海底で形成されたタービダイトは，プレートが沈みこむ際に日本列島に付加し，地殻変動によって陸地で見られるところもある。

C

問5 　5　 正解は ①

本問のモチーフは1983年の三宅島噴火・1991年の雲仙普賢岳火砕流・2014年の木曽御嶽山水蒸気爆発である。

火山P：三宅島をはじめ伊豆諸島の火山は粘性の低い玄武岩質溶岩による火山活動が多い。玄武岩質溶岩の流速は，速くても人が歩く程度である。火山活動開始から避難まで時間に余裕がある場合が多く，1983年の噴火でも幸い犠牲者は出なかった。しかし，溶岩流が海に達するまでに集落を飲み込み，建造物への被害は大きかった。

火山Q：1991年の雲仙普賢岳噴火は，当時における近代以降の最多犠牲者数を記録した。これは，普賢岳の麓にマスコミ陣をはじめ多くの人が集まっている際に火砕流が発生したためである。火砕流とは，溶岩ドームの崩壊などにより，数百℃にも達する火山ガスが火砕物を巻き込んで火山を下る現象である。時速100 kmに達することもあり，一度発生すると逃げるのは困難である。

火山R：2014年の木曽御嶽山における水蒸気爆発では，山頂にいた登山客に噴石が落下して多くの犠牲者をもたらした。噴火を撮影しようとして巻き込まれた犠牲者も多くいたようである。

問6　6　正解は ⑤

　　岩脈，岩床というのは，あくまでも見かけの形状である。層理面（水面下）にほぼ平行なのが岩床，層理面に対し急角度であるのが岩脈である。「脈」とは見かけの形であり，実際は板状に貫入することが多い。

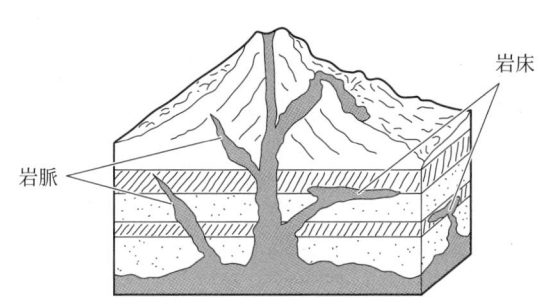

　　岩石には大きく分けて堆積岩・火成岩・変成岩がある。変成岩は，様々な岩石が地下において長時間をかけ，圧力や熱の影響で固体のまま変質してできる。これを再結晶という。

　　変成岩には大きく分けて広域変成岩と接触変成岩がある。

　　広域変成岩はプレートの境界付近で文字通り広範囲（数百 km 〜数千 km）に及んで帯状に見られる。圧力や熱の加わり方によって，低温高圧型と高温低圧型がある。鉱物の並びには方向性が見られる。

　　接触変成岩は，貫入したマグマの付近（数 m 〜数 km）でマグマの熱の強い影響下でできる。主に熱の影響によるものなので，硬く緻密である。焼き物を想像すればわかりやすいだろう。広域変成岩のようにプレートによる圧力は大きくないため，鉱物の配列にはっきりした方向性はない。

　　石灰岩が接触変成作用を受けてできたのが大理石（結晶質石灰岩）であるが，再結晶時に不純物が取り除かれ，粗粒となることが多い。石灰岩以外，たとえば砂岩が接触変成作用を受けたものがホルンフェルスである。

問7　7　正解は ①

　　岩石における有色鉱物の体積％が色指数である。表2中では，角閃石・黒雲母・輝石が有色鉱物で，それ以外は無色鉱物である。また，かんらん石は有色鉱物であ

る。有色鉱物は苦鉄質鉱物，無色鉱物は珪長質鉱物に対応すると思ってよい。一般に苦鉄質鉱物は鉄やマグネシウムの酸化物を多く含み，それゆえ色が濃く，密度が高い。

　本問では，かんらん石を追加することで有色鉱物すべてを足し合わせた重さが $(6+4+5)+5=15+5\,\mathrm{g}$ となり，岩石 **A** の重さは $(100+5)\,\mathrm{g}$ となる。割合を「%」で表すので，$\dfrac{15+5}{100+5}\times100$ が色指数となる。

□ 第2問 【フェーン現象／気象要素のグラフ読み取り／地球温暖化／オゾン層と植物の進化】

ねらい

　　大気・海洋については，性質や運動を問われる。大気・海洋の運動は，太陽放射の影響が大きい。また，地球上には多量の水があることも，他の惑星とは一線を画す。さまざまな気象現象に，水が関連するのである。大気・海洋は，災害や環境問題との関連性も大きい。また，地球大気は地球の歴史の中で常に変化していることを学ぶことも重要である。

解説

A

問1　　8　　正解は ③

　　フェーン現象は自然現象であり，国や地域，季節を問わないと思ってよい。本問は富山市におけるフェーン現象がモチーフである。図で例をあげる。

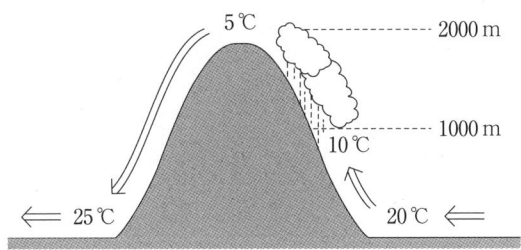

　　右側から山の麓に吹いてきた飽和していない(雲ができていない)空気塊が20 ℃であった。未飽和の空気塊は100 m上昇するたびに1 ℃下がるため，高度1000 mで10 ℃となる。ここで空気塊が飽和したとしよう。そして，雨を降らせながらさらに山肌を上昇する。飽和した空気塊は水蒸気の凝結で放出される潜熱で暖められ，100 m上昇するたびに0.5 ℃しか下がらない。山頂で5 ℃になり，ここで雲が消えたとして，今度は100 mあたり1 ℃温度上昇しながら空気が降下する。その結果，風下側の麓では5 ℃も昇温したことになる。風下では気温が上昇するだけでなく，風上に比べて乾燥していることにも注意しよう。

① 日本列島に限定されない。日本列島では，日本海側でよく起き，時として大火事を起こす。

② フェーン現象は人為的な現象ではなく，自然現象である。都市部での現象の一つに，ヒートアイランド現象がある。これは，アスファルトやコンクリートに覆われた地表が太陽光で熱せられて起きる現象である。ヒートアイランド現象によって都市部の平均気温は上昇しているが，ヒートアイランド現象が地球温暖化に寄与する割合は小さいとされる。

③ 正解である。しばしば，日本列島を南側から日本海へと抜ける風によってフェーン現象は起きる。下図は，日本海に発達した低気圧があると仮定した際の，南風が吹き込む様子である。このような低気圧の配置・風の吹き方で生じる現象に，「春一番」がある。

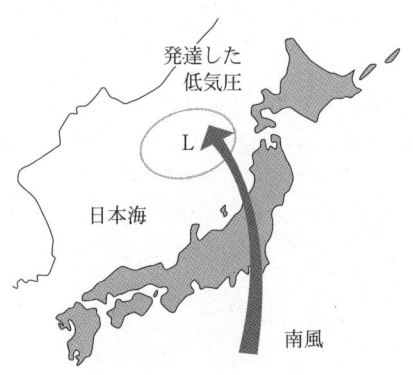

④ 冬季，大陸からの乾いた冷たい季節風が日本海上で水蒸気の供給を受け，積雲が発達し，日本列島の脊梁山脈に衝突して発達し積乱雲となり，日本海側で大雪となる。

問2 **9** 正解は ②

グラフを読むときは，大きく変化している部分に注目しよう。

フェーン現象にともなって，10時頃に気温が急上昇している。フェーン現象では気温が上がるだけでなく風下側が乾燥するため，湿度(相対湿度)は下がりやすいといえる。

① リード文に「1日を通しておおむね晴れ」とあるので，フェーン現象に伴う気

圧低下は考えにくい。

③　そもそも問題文から雲量を読み取ることは難しい。

④　晴れているため，午後に向かって昇温すると考えるのが妥当である。日射で地表面が暖まることによって，地表付近の大気も暖まり，局所的な低気圧が生じる可能性がある。

B

問3　　10　　正解は①

　産業革命以降，人為的な二酸化炭素排出量は飛躍的に増えているとされる。実際，この1世紀で平均気温は0.7 ℃ほど上昇している。ただし，大気中の二酸化炭素の割合や気候変動は人間活動に由来しないものも多々あり，一概に人間のせいであるとは言い切れない側面がある。

②　大気中に浮遊する固体や液体の微粒子を総称してエーロゾルという。海塩や黄砂，人間活動で放出された煤煙などがある。これらが凝結核となり雲を形成することがある。一方，エーロゾルが赤外線を吸収する場合もある。つまり，寒冷化因子にも温暖化因子にもなるわけである。

③　北極域には凍土が見られるが，近年，一部が溶けているという報告がある。凍土が溶けることでメタンガスが大気中に放出され，温暖化が促進されると言われている。

④　大気循環の関係でフロンが南極上空に集まり，春になると太陽からの紫外線でフロンから塩素が分離し，オゾン層を破壊する(オゾンホール)。オゾン層の破壊によって地表に届く紫外線は増大するが，紫外線自体は大気や地表面の昇温に寄与しない。

問4　　11　　正解は②

　古生代シルル紀頃にはオゾン層が完成し，その後，植物・虫・両生類の順に上陸した。植物は，大まかにはシダ植物・裸子植物・被子植物の順に進化した。おおむね，進化するたびに，より乾燥に強くなっていった。以下，登場の古い順に説明する。

③　クックソニアというリニア植物の一種である。コケ植物やシダ植物とは異なる。最も原始的な陸上植物であり，先端に胞子嚢があり，維管束をもたない。リニア

植物は，現存する様々な陸上植物の先祖であると考えられている。

① スギナのように見えるこの植物はロボク（カラミテス）であり，石炭紀に栄えた大型シダ植物である。高さは 30 m 近くあったらしい。石炭紀には，ロボクをはじめリンボクやフウインボクなどが大森林を形成した。その大森林には様々な生き物がいたという。湖沼に埋没した大型シダ植物は，現在では石炭として利用されている。

② 裸子植物のソテツである。裸子植物は古生代デボン紀に出現したとされるが，多様化したのは中生代に入ってからである。

④ メタセコイアである。白亜紀に出現し，新第三紀に分布が広がった被子植物で，絶滅したと思われていたのが中国奥地で見つかり，今では日本列島各地にももたらされている。

□ 第3問 【木星型惑星と天王星型惑星の構造／太陽表層の構造／主系列星／星の明るさ／星の進化と質量】

ねらい

　　現行課程では，天体個別に関する知識よりも，宇宙や太陽系の進化との関連性が重要である。宇宙の進化は物質進化の過程であり，時系列に理解してほしい。また，太陽系の諸天体の性質は，以前より頻出の分野である。

解説

A

問1 　12 　正解は ①

　　図1 (a)は，外側から順に層**ア**「気体または液体の水素の層」・層**イ**「金属水素の層」・層**ウ**「岩石と氷の層」である。

　　図1 (b)は，外側から順に層**エ**「気体または液体の水素の層」・層**オ**「氷の層」・層**カ**「岩石と氷の層」である。

　　太陽の主成分は水素であるから，層**ア**と層**エ**の化学組成は太陽に近いといえる。

② 　層**オ**は H_2O の氷といわれている。

③ 　地球の中心核は主に鉄でできている。岩石ではない。

④ 　岩石の成分は酸化ケイ素である。

　　「木星・土星」と「天王星・海王星」の違いは，太陽系誕生当初の太陽からの距離によるところが大きい。原始太陽系星雲において木星と土星ができた付近は，太陽から比較的遠いために岩石に加えて氷が豊富であった。岩石と氷からなる微惑星がどんどん合体し，その引力でガスをかき集め，巨大ガス惑星となった。

　　一方，天王星・海王星ができた付近は，木星・土星付近よりも物質密度が小さい上に天王星・海王星の公転速度が小さいために微惑星の衝突機会が少なく，それほど大きくは成長できなかったのではないかという説がある。

問2 　13 　正解は ①

　　我々が観測できる太陽表面を光球という。光球は非常に明るいが，皆既日食時に月が光球をすっぽり覆って見えることがある。その際，光球の外側に色がついて見える彩層が，特殊な装置を用いずとも確認できる。

② 太陽黒点は太陽磁場の強い部分で，ガスの対流が磁場によって抑えられて周囲より低温になっている部分である。太陽周期の 11 年でその数は増えたり減ったりする。黒点の周囲には高温で高エネルギーの白斑が見られる。また，黒点付近ではフレアと呼ばれる爆発現象でエネルギーが解放されることがある。

③ 粒状斑は地球から見た太陽の対流である。通常は直径 1000 km，寿命は数分程度である。粒状斑の明るい部分は熱いガスが湧き上がってくる部分で，暗い部分は冷えたガスが沈んでいく部分である。

④ 彩層の外側にあるのがコロナであり，非常に高温で希薄である。コロナからは，多量の物質が宇宙空間へと放出されていることがわかっている。

B

問3　　14　　正解は ②

　問題文に「すべて主系列星であった」と書かれている。主系列星とは，中心部で水素が核融合し，莫大なエネルギーを放射している恒星である。したがって，a は正である。

　主系列星が赤色巨星に進化すれば，ヘリウムが核融合するようになる。1 等級小さくなるたびに明るさは約 $100^{\frac{1}{5}}$＝2.5 倍程度になる。したがって，アルキオーネはプレイオネの 6 倍程度の明るさとなる。したがって，b は誤である。

問4　　15　　正解は ②

　多くの恒星はその一生のほとんどを主系列星として過ごす。つまり，原始星である期間や赤色巨星である期間は，恒星の寿命全体から考えると短い。よって，恒星が主系列星である期間をその恒星の寿命とすることが多い。

　太陽の寿命は100億年で，現在50億歳程度であることは覚えておこう。題意より，アルキオーネの寿命は 100 億×$\frac{1}{2^3}$＝12.5 億年程度である。

　今から 20 億年たつと，太陽はまだ主系列星だが，アルキオーネは既に存在しない。アルキオーネの質量は太陽の 2 倍とあり，超新星爆発を起こすには太陽の 8 倍程度以上の質量が必要であるため，③ は不適当である。

解答
解説

第 **2** 回

解説動画

出演：青木秀紀先生

2

問題番号 (配点)	設問		解答番号	正解	配点	自己採点①	自己採点②
第1問 (27)	A	問1	1	④	4		
		問2	2	③	3		
		問3	3	④	4		
	B	問4	4	④	3		
		問5	5	①	4		
		問6	6	②	3		
	C	問7	7	③	3		
		問8	8	④	3		
	小計（27点）						
第2問 (13)	A	問1	9	①	4		
		問2	10	②	3		
	B	問3	11	③	3		
	C	問4	12	③	3		
	小計（13点）						
第3問 (10)		問1	13	③	3		
		問2	14	①	4		
		問3	15	②	3		
	小計（10点）						
合計（50点満点）							

□ **第1問** 【原始大気・ジャイアント・インパクト説／プレート境界
と地震・火山活動／マグニチュード（計算）／恐竜／褶曲・
断層／不整合／火山噴出物／造山鉱物】

ねらい

　固体地球分野は，地震や火山を柱として，プレートテクトニクスの概念を学ぶ
ことが重要である。現在起きている，またはこれから起きうる現象に注目するこ
とも当然である。現行課程では時系列にできごとを理解することが重要視されて
おり，地質図やその説明文から，地層の成り立ちを組み立てることも重要である。
岩石や鉱物は，むやみに暗記するのではなく，その性質や成り立ちからしっかり
と理解しよう。

解説

A

問1　　**1**　　正解は④

　a　誤。地球の原始大気は，微惑星の度重なる衝突によって表面がマグマオーシャン
となり，火山ガスがマグマから生じるのと同様にしてできた。その成分は現在の火
山ガスから推定されていて，大半は水蒸気であったとされる。他には二酸化炭素や
窒素，塩化水素などが含まれていた。星間ガスの主成分は水素とヘリウムで，これ
らは軽い元素であるため地球の引力で大気分子となるのは難しいだろう。

　b　誤。太陽系誕生間もない頃，火星程度の原始惑星が多数あった。原始地球に原始
惑星が衝突し，破片が原始地球のまわりを公転しながら合体して月になったという
「ジャイアント・インパクト説(巨大衝突説)」が有力である。ジャイアント・インパ
クト説以外には，原始地球が分裂してできたという説，地球とは違う場所でできた
天体を地球の引力でとらえたという説，地球と月はほぼ同時に同じようにできたと
いう説などがあるが，月と地球の岩石の成分がよく似ていること，月の表面には溶
けた形跡があること，月の核が小さいことなどを矛盾なく説明できるものが現時点
ではジャイアント・インパクト説である。

問2　　**2**　　正解は③

　押し合う力によって生じるのが逆断層である。海溝やトラフ付近では，陸のプレ

ートと海のプレートが押し合う部分である。メカニズムは次の通り。

大陸プレートの先端が，海溝やトラフにおいて沈み込む海洋プレートに引きずり込まれ，大陸プレートに蓄積された歪み（ひず）が限界を超えると先端が大きく動く。津波が生じることもある。

① 海洋プレートが地下 100 km 程度に沈み込むと，海洋プレートが放出した水が岩石(高温のマントル物質)の融点を下げ，マグマが発生する。沈み込みが浅いと水が放出されにくいためマグマは発生しにくい。実際，中国地方・四国地方の下に沈み込むフィリピン海プレートは浅いため，これらの地域では火山はほとんど見られない。

② 伊豆・小笠原海溝はフィリピン海プレート(海洋プレート)の下に太平洋プレート(海洋プレート)が沈み込んでおり，巨大地震の記録はないが，将来的に巨大地震が生じることは否定できないとも言われている。海嶺のような発散境界，トランスフォーム断層のようなすれ違う境界，海洋プレートが海洋プレート下に沈み込む収束境界でも，海底地形の変化によって津波が生じる可能性はある。すれ違う境界では逆断層型または正断層型の地震が起きにくいため，海底が上下変動しにくく津波は生じにくい。海洋プレートが海洋プレート下に沈み込む収束境界では歪みが溜まりにくいために大地震そして津波は発生しにくいとされる。

④ マグマが上昇する場所は，中央海嶺につながるトランスフォーム断層ではなく中央海嶺そのものである。中央海嶺から湧き上がったマグマは海水で急冷され，枕状溶岩となり，海洋プレートを形成する。地球が丸いため，中央海嶺は 1 本につながっているのではなく，ところどころ途切れている。途切れた中央海嶺をつなぐのがトランスフォーム断層である。トランスフォーム断層付近では浅い地震がよく起きるが，火山活動は起きていない。

問3　[3]　正解は ④

地震のエネルギーは，マグニチュード M が 2 大きくなると 1000 倍，1 大きくなると約 32 倍となる(ここでは，簡単にするために 30 倍としておく)。

問題の図 1 のグラフより，$M=4.0$ の地震は約 2,000 回起きている。また，グラフより，$M=2.0$ の地震は約 20,000 回起きている。この回数の 10 倍が $M=1.0$ の地震の回数であるから，200,000 回となる。$M=1.0$ の地震 1 回当たりのエネルギーを E とすれば，

$M=1.0$ の地震のエネルギーの総和は $200{,}000E$

$M=4.0$ の地震のエネルギーの総和は $E\times30\times1{,}000\times2{,}000=60{,}000{,}000E$

である。以上より，$\dfrac{60{,}000{,}000E}{200{,}000E}=300$ 倍となる。

B

問4 ┃ 4 ┃ 正解は ④

　オパビニアはバージェス動物群の代表的な生物である。五つの目をもち，他の生物を捕食していた。古生代カンブリア紀の生物であるため，地層Aから恐竜化石が産出することはない。

　クックソニアは最初の陸上植物であり，古生代シルル紀に出現した。よって，地層Cから恐竜化石が産出することはない。

　地層の逆転がないことより，地層Bから恐竜化石が産出することはない。

　ほ乳類の出現は中生代三畳紀とされる。この時代には恐竜も出現しているから，地層Dから恐竜化石が産出する可能性はある。なお，初期のほ乳類はネズミのような大きさ・形であったとされる。

問5 ┃ 5 ┃ 正解は ①

　地層は重力のはたらきによって，海底などで水平に形成される。圧縮の力を受けると，問題の図2のような褶曲構造を形成することがある。上に凸型の部分を背斜構造，下に凸型の部分を向斜構造という。図2では，東西方向に圧縮されていることがわかる。

　断層Yに対し相対的に上位である東側の部分が上盤である。不整合面Xや地層Bが西側に対してずり下がっていることから，上位がずり下がる正断層であるとわかる。この断層は，東西方向の引っ張りによってできた。

問6 ┃ 6 ┃ 正解は ②

a　正。地層Cと地層Dについて，デボン紀・石炭紀・ペルム紀の地層が欠落している。この間，約1億7000万年である。隆起や海面低下によってこのような長期に渡る地層形成の中断が起きることがある。こうして不整合面は形成される。

b　誤。地層Bの西側の背斜構造をよく見ると，上部が侵食されていることがわかる。不整合面上には，しばしば礫が見られる。これは，海退（または隆起）であったのが，

海進（または沈降）へと移り変わるときにできる基底礫岩と呼ばれるもので下位の地層由来のものが多い。地層Ｂが風化・侵食を受け，礫となったものが基底礫岩の一部を構成している可能性が高い。

C

問7　　7　　正解は ③

観察Ａ　大谷石は，栃木県宇都宮市大谷町で産出する凝灰岩である。大谷石は耐火性や防湿性・防音性に富む上に柔らかく加工しやすいため，壁材などに重用されている。凝灰岩とは，火山砕屑物からできる堆積物で，火山灰や軽石などから構成される。凝灰岩に含まれる軽石は，固結するときに抜けた火山ガスによって多孔質となっている。火山ガスの主成分は水蒸気であるため，文章に矛盾はない。

観察Ｂ　火山や露頭で採取した火山灰には泥が含まれる。そのため，そのまま顕微鏡で観察しようとすると泥が邪魔になる。蒸発皿に火山灰を適量に取り，水を入れて洗う必要がある。この際，塊となっている火山灰を乳棒のような硬いもので壊す必要がある場合もあるだろうが，乳棒ですりつぶすことで観察する対象の鉱物を破壊してしまう恐れがある。よって，文章に矛盾がある。泥を取り除くのなら指の腹で潰す程度で十分である。何度も水洗いをして泥を除去したあとは，磁石を用いて磁鉄鉱を取り除く。こうして，目当ての造岩鉱物を手に入れることができる。

観察Ｃ　高温下・高圧下に長期間さらされることで鉱物が固体のまま変質することがある。こうして変成岩ができる。マグマが貫入すると，マグマ付近の岩石がマグマの熱によって変成岩となる。このような変成作用を接触変成作用，できた変成岩を接触変成岩という。熱によって再結晶が起きるのが接触変成岩の形成プロセスであり，マグマの貫入で高圧を受け変成するということは考えにくい。よって，文章に矛盾がある。日本列島では，問題文のように花こう岩マグマの貫入がしばしば起きている。

問8　　8　　正解は ④

地球がかつてマグマオーシャンであったとき，高密度な物質が地球中心へと沈んでいった。したがって，地球は中心に近いほど高密度となっている。

　有色鉱物は苦鉄質鉱物にほぼ相当する。「苦」とはマグネシウム，「鉄」は鉄である。苦鉄質鉱物はマグネシウム酸化物や鉄の酸化物によって黒色を呈することが多い。

　無色鉱物は「苦」「鉄」をあまり含まないために白っぽい。地殻とマントルはいずれも岩石から構成されるが，マントルよりも浅い地殻に無色鉱物は集中していて，マントルに無色鉱物はあまり見られない。

　元素で言えば，地殻よりもマントルの方がマグネシウムの占める割合はかなり大きい。色指数が小さいマグマとは，全体としては白っぽい岩石をつくるマグマと言える。そのようなマグマほど粘性が大きい傾向にあり，火砕流を生じさせるようなマグマとなりやすい。

　一方，玄武岩質マグマのような粘性が小さいマグマは，火口からのみならず地表の割れ目からも噴火が起きることがある（割れ目噴火）。

□ 第2問 【転向力・貿易風／エルニーニョ現象／前線と雲の高度／日本の気候と災害】

ねらい

これまでの得点率より，「気候」分野は「気象」分野よりも得点率が低いことがわかっている。つまり，基本的なメカニズムは理解できているが，実際の身近な現象は理解できているとはいえない，ということである。日頃から天気に関するニュースに注目するなどして，日本列島の四季に興味をもってほしい。

解説

A

問1　9　正解は①

北半球では，赤道付近で上昇した大気が亜熱帯で下降し，転向力（地球の自転による力）を受けて進行方向の右へと曲がるため，東寄りの風となって赤道に戻る。これが北東貿易風である。「東寄り」とは「おおむね東から」という意味である。

南半球では，赤道付近で上昇した空気が亜熱帯で下降した後，転向力で進行方向の左へと曲がるため東寄りの風となって赤道に戻る。下図のように，おおむね赤道に関して対称な循環となっている。

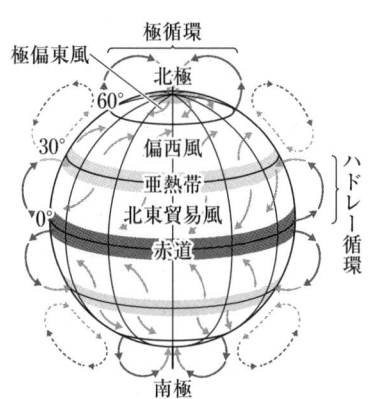

問2　10　正解は②

太陽光が届かない上に両極付近で沈み込んだ冷たく重い海水が世界中の深層を巡

るため，海洋深層の水温は世界中で大きな違いはない。海洋表層は季節変化や緯度
による違いが大きい。

① 　インドネシア付近に火山は多数あるが，海水温を広範囲にわたって上昇させる
ような火山活動が起きることは考えにくい。

③ 　極付近は，太陽高度が低いために日射量が小さい。これが極付近の海水が低温
である理由であり，深層循環が起きる理由でもある。氷河の流入は，海水温低下
でなく塩分濃度低下をもたらす。

④ 　赤道太平洋東部は，通常，貿易風が暖かく軽い海水を赤道太平洋西部に運んだ
結果深部からの湧昇が生じ，海水温が比較的低い。貿易風が弱まった結果湧昇が
弱まり，赤道太平洋東部で海水温が上昇することがある。これがエルニーニョ現
象であるが，この現象は温暖化と直接関係はない。

B

問3　　11　　正解は ③

　　対流圏は上空ほど低温である。したがって，高度が低い雲ほど高温となり，赤外
線を強く放射し黒っぽく見える。温暖前線の接近によって，観測者からは高高度の
雲から見えることになる。本問では，巻雲・巻層雲・高積雲・層積雲・乱層雲の順
である。雲の鉛直方向の厚みは等しいことより，この順に雲頂は低くなる。また，
寒冷前線上にある積乱雲は圏界面付近に雲頂がある。以上より，高積雲より黒っぽ
い雲，すなわち雲頂が高積雲より低いものは層積雲・乱層雲の<u>2種類</u>であることが
わかる。

C

問4　　12　　正解は ③

a　誤。晩春や初夏に見られる霜が遅霜，秋に見られる霜が早霜である。霜は，大気
中の水蒸気が氷になることでできる。農作物，特に葉の細胞壁が破壊されることで
被害が生じることがある。霜が降りるには地表付近が低温となる必要がある。霜が
起きやすい気象条件が<u>放射冷却現象</u>である。これは，夜間晴天になることで地表か
らの赤外放射がそのまま宇宙空間に逃げやすくなり，地表付近の気温が低下する現
象である。前線が接近すると雲に覆われて放射冷却現象が起きにくくなる可能性が
高い。

b　正。梅雨とは，北のオホーツク海高気圧と南の北太平洋高気圧（小笠原高気圧）に
　　よって日本列島付近に前線が停滞することで起きる現象である。オホーツク海高気
　　圧が弱まり梅雨前線が北上しやすくなるのが梅雨明けである。梅雨が明けると日本
　　列島は暖かく湿った北太平洋高気圧に覆われ，おおむね晴天が続く。

□ 第３問 【黒点／太陽風／恒星進化】

ねらい

　現行課程では，恒星の代表として太陽を扱う。太陽はありふれた恒星であるから，太陽を学ぶことで，他の恒星への理解も深まる。太陽は太陽系の質量のほとんどを占め，太陽系のさまざまな天体に影響を及ぼしている。太陽を中心として，太陽系の構成と成り立ちを学んでほしい。

解説

問1　　**13**　正解は ③

　太陽は中心部で水素の核融合によって大量のエネルギーを作り出しており，そのほとんどが電磁波として放射されている。一方，太陽の磁石としての活動も活発であり，その現れの一つが黒点である。

　黒点は通常２個が１組をなす。つまり，一方がN極，他方がS極となっている。黒点付近はとりわけ磁力が強いため，熱いガスの対流が妨げられて周囲よりも低温となっている。周辺減光とは，太陽縁辺部が中央部に比べて暗く見える現象である。これは，対流で表層まで上がってきたガスが宇宙空間で冷やされて低温となったことを意味する現象である。

① 黒点付近ではしばしばフレアと呼ばれる爆発現象が起こり，荷電粒子やX線・紫外線が強く放出され，地球に影響が及ぶこともある。

② 黒点は，大きいもので地球の数倍もある。黒点数は11年周期で増減しており，黒点数が多く大きい黒点が多く見られる時期が太陽活動極大期と呼ばれる。

④ 黒点付近には白斑（はくはん）と呼ばれるやや高温な領域が見られることもある。常に存在する構造だが，太陽活動極大期に頻繁に見られる。

問2　　**14**　正解は ①

　彗（すい）星は太陽系に存在する小天体の一種である。短周期彗星は太陽系外縁部，長周期彗星はオールトの雲が起源であると言われている。彗星の「正体」を例えて「汚れた雪だるま」「凍った泥団子」のように言うことがある。つまり，彗星の正体は岩石や氷が混ざり合ったものである。

　彗星が太陽に近づくと，太陽の熱で氷が溶け始め，太陽風や太陽光の影響で塵（ちり）や

ガスの「尾」ができる。また，彗星本体(核という)を覆う大気のようなコマも形成される。

② 太陽程度の質量をもつ恒星は，赤色巨星から白色わい星に進化する過程でガスを放出し，放出されたガスは中心星(白色わい星)の放出する紫外線によって輝き始める。このガスが惑星状星雲である。惑星状星雲は長くても数万年程度で散逸してしまう。

③ 小惑星が多数存在するのは火星と木星の間であり，メインベルトと呼ばれている。小惑星は，太陽系誕生初期に存在した微惑星の名残ではないかと言われている。現在ではメインベルト以外でも小惑星は多数発見されている。イトカワは地球軌道付近を公転している小惑星である。このような小惑星は将来地球に衝突する可能性がある。全小惑星の質量を合算しても，その値は地球の月の質量よりもはるかに小さい。

④ 日食が起きるのは太陽，月，地球の順に並ぶとき，すなわち新月のときである。地球が太陽を回る公転軌道と月が地球を回る公転軌道のずれのため，新月の度に日食となるわけではない。太陽と地球の距離は変化しているため，月が見かけ上太陽表面を完全に覆う皆既日食が起きることもあれば，月が太陽を同心円状に覆って隠しきれない金環日食になることもある。

問3　15　正解は ②

恒星の進化(一生)はその質量によって決まる。星間雲が重力で収縮して原始星となり，原始星の中心温度が1000万度を超えると水素の核融合が始まる(主系列星の誕生)。太陽質量程度の恒星だと，やがて，中心部に溜まったヘリウムの核融合が始まり，炭素や酸素が作られる。太陽質量よりも大きな質量をもつ恒星はさらに重い元素を核融合で作ることができるが，恒星内部で作られる最も重い元素は鉄である。

① 水素の核融合でできたヘリウムは中心部に溜まっていく。溜まったヘリウムの外側で水素が核融合をするようになり，中心部の温度がさらに上がるとヘリウムの核融合が始まる。

③ 宇宙を構成する物質も恒星を構成する物質も圧倒的に水素が多い(質量・個数ともに)。次いで，ヘリウムが多い。ガスに比べて固体成分はかなり少ないが，星間塵(固体成分)にはケイ素，炭素，鉄，H_2O の氷が多い。

④ 先にも述べたように，原始星の収縮によって中心温度が上がり，中心部での核融合が起きる。原始太陽の大きさは現在の太陽の 100 倍程度であったようだ。また表面積がかなり大きいため，光度も大きかった。

解答
解説

第3回

 解説動画

出演：青木秀紀先生

問題番号(配点)	設問		解答番号	正解	配点	自己採点①	自己採点②
第1問(21)	A	問1	1	③	4		
		問2	2	②	3		
	B	問3	3	③	4		
		問4	4	④	3		
	C	問5	5	②	4		
		問6	6	②	3		
	小計（21点）						
第2問(10)	A	問1	7	②	4		
		問2	8	①	3		
	B	問3	9	④	3		
	小計（10点）						
第3問(10)		問1	10	④	3		
		問2	11	②	4		
		問3	12	③	3		
	小計（10点）						
第4問(9)		問1	13	④	3		
		問2	14	②	3		
		問3	15	①	3		
	小計（9点）						
合計（50点満点）							

□ **第1問**　【地震発生のしくみ／ホットスポットと海嶺／不整合・漣痕（れん）・岩脈／地球の歴史と酸素・熱水噴出孔／斑晶・石基と火山岩の色調／変成作用と変成岩】

ねらい

　太陽放射の影響や，地球内部の熱によって，地球の表面は刻々と変化している。人間の寿命を基準とするのではなく，地学的な，長期間に及ぶ時間変化の中で何が起きているかを理解しよう。一見何の変化も起きていないような地層や岩石も，長い年月の間にはその性質を変えていくのである。

解説

A

問1　　1　　正解は ③

　地震とは，地下の岩石（地層，岩体）がある面を境にして破壊し，急激にずれる運動である。ずれてできた面を断層面，ずれる運動を断層運動という。断層運動によって地震波が生じ，地表を揺らす。

　地下の岩石の破壊が始まるところを震源という（震源の定義）。実際は，岩石の破壊はある程度広がりをもっている。岩石が破壊された領域が震源域である。

① 東日本大震災のような最大規模の地震でも，すべり量は100mに満たない。次の図は，東日本大震災の前後での様子を表したものである。この地震におけるすべり量は，65mと推定されている。

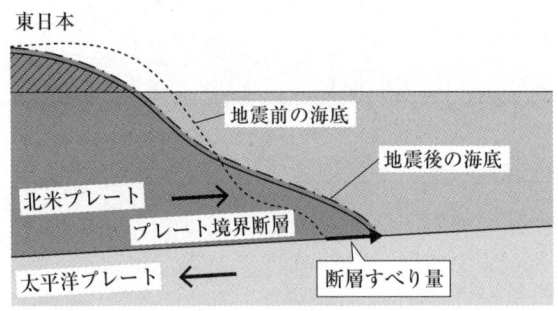

② 日本国内で用いられている震度は，日本の気象庁が定めたものである。従来は

震度0〜7の8段階であったが，1996年に改訂され，震度5と6がそれぞれ震度5弱・5強と6弱・6強に分かれ，10段階となった。また，それまで体感で測定していた震度を，震度計で測定するようになったのも1996年である。

④　地震計や震度計には様々な種類があるが，細かい違いは気にしなくてよい。地震計(震度計)の基本的な仕組みは次の通りである。地震が発生すると，地震計の計測部が上下・東西・南北それぞれの揺れ(加速度)を感知し，それを電気信号に変える。処理部で震度を算出したり表示したり，気象庁へ通報したりする。なお，地震計は気象庁だけではなく，自治体や防災科学研究所などによっても設置・管理されている。

問2　　2　　正解は ②

　ハワイはホットスポット型の火山で，そのメカニズムはプレートテクトニクスとは直接関係ない。ホットスポットは地球上に少なくとも数十個はあるとされ，ハワイ以外にもアイスランドやアメリカのイエローストーンなどがある。

　ホットスポットと中央海嶺では，マグマ発生のメカニズムが異なる。ホットスポットは，マントルプルーム(ホットプルーム)が上昇し，その先端がプレート直下でマグマになったものである。その上をプレートが動くため，火山島が列をなすように存在する。

　一方，中央海嶺は，海底の割れ目を埋めるようにマントル物質が上昇し，マグマが発生したものである。アイスランドのように，ホットスポットと中央海嶺が重複しているようなところもある。マグマの発生は，ホットスポット型や中央海嶺型以外にも，日本列島のような島弧型もある。

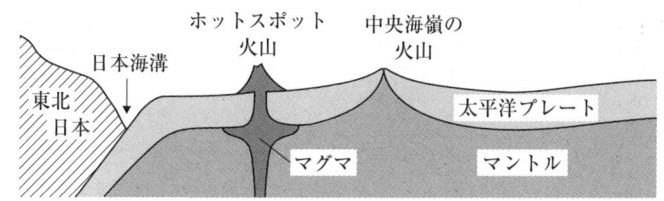

①　アフリカの大地溝帯は，いわば中央海嶺の陸上版である。ほぼ東西方向に幅数十km，南北方向に長さ6000km程度と，巨大な溝になっている。拡大を続けて

おり，火山活動・地震活動共に活発である。いずれはアフリカ大陸は分裂し，大
地溝帯は海嶺となる。また，アフリカ大地溝帯では，ホットスポットも見られる。

③　地球が丸いため，海嶺は一直線につながってはいない。海嶺軸と海嶺軸をつな
いでいるのが，トランスフォーム断層である。トランスフォーム断層は横ずれ断
層の一種であり，海嶺以外ではほとんど見られない。トランスフォーム断層を境
にプレートがぶつかり合うため，浅い地震が発生する。

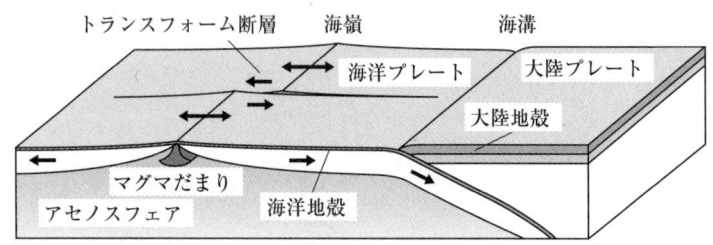

④　アイスランド島は大西洋中央海嶺上にあり，東側がユーラシアプレート，西側
が北米プレートである。アイスランド島は東西から引っ張られているため，ギャ
オと呼ばれる割れ目が多く存在する。

B

問3　3　正解は③

a　正しい。地球上の環境は刻々と変化する。ほぼ同様な環境下で引き続いて地層が
形成されたとき，古い地層と新しい地層の関係を整合という。一方，地層形成後に
環境が変わり，地層が侵食を受け，その上に再び新しく地層が形成されたとき，古
い地層と新しい地層の関係を不整合という。例えば，海底で地層が形成され，地殻
変動で隆起して地層が陸上に現れ，長い年月をかけて侵食を受けた後再び地殻変動
で海底に没し，地層形成が再開する，のような場合である。

b　誤り。地層C上に見られる構造を連痕(リプルマーク)という。図1の連痕はカレ
ントリップルと呼ばれ，一定方向の水流によって作られたものである。流れと形状
の関係は次の図の通りである。水槽に砂と水を入れ，ホースなどで流水を流して実
験してみれば，よりわかると思う。地層の上下の判断にも用いられる。

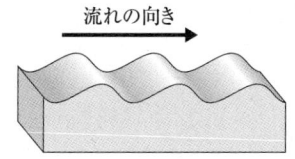

流れの向き

c　正しい。貫入岩体Dは，その形状から岩脈と思われる。マグマは，地層や岩体の
割れ目に侵入して固結することがある。層理面を急角度で切るように見えるのが岩
脈であるが，あくまでも見かけの形状が「脈」ということである。岩脈の規模は
様々である。岩脈は半深成岩に分類されることが多い。半深成岩とは，火山岩と深
成岩の中間的なものである。マグマが貫入すると，周囲の地層に触れている部分か
ら冷却される一方，周縁部から離れた中心部はゆっくり冷えるため，結晶が大きく
なる。

問4　　4　　正解は④

　　原核生物は細胞内にDNAをもち，核をもたない。最古の原核生物は35億年前に
出現したとされている。その頃，地球大気中に酸素はほとんど存在しなかった。約
27億年前に登場した原核生物のシアノバクテリアは，光合成で酸素を出す初めて
の生物であり，シアノバクテリアの登場によって地球の環境そして生物の進化は大
きく変わった。そして約21億年前，最古の真核生物であるグリパニアが出現した。
真核生物は核をもち，核に守られてその内部にDNAが存在する生物である。真核
生物は現在でも存在するから，存在期間は$\frac{21}{46} \times 100 = 45.6\cdots$より，46％程度である。

　　シアノバクテリアの登場により，海水中の酸素濃度そして大気中の酸素濃度が増
加していく。酸素からオゾンが生成されるが，オゾン層が完成したのは古生代シル
ル紀とされる。おおよそ4億年前のできごとである。$\frac{4}{46} \times 100 = 8.6\cdots$より，9％程
度である。

　　以上より，cについてはアと決まる。近年，地球上の生命は熱水噴出孔付近で誕
生したのではないかという説が有力視されている。実際，現在の熱水噴出孔付近に
は，多種多様な生物群が見られる。熱水噴出孔は，マグマの熱で熱せられた水が噴
出しているところであるが，誕生当初はマグマオーシャンであった地球が冷えて海
底ができ，プレートが動き始めていた40億年前には遅くとも形成されていたと推
測されている。

C

問5 ⑤ **正解は** ②

　火成岩の分類を単純に色調で行うことは無理があるが，岩石名と色調の対応を単純化すれば「教えやすい」ために，単純化されてきた歴史がある。岩石名と色調は大まかな関係しかないことを念頭に置こう。同様に，マグマの冷却に伴ってできる岩石の順(玄武岩→安山岩→流紋岩)も，そのようにならないことも多く，絶対化してはいけない。

　傾向としては，玄武岩・安山岩・流紋岩の順に白っぽくなる。これは，岩石に含まれる有色鉱物の割合が順に小さくなるからである。実際は，島弧で見られる玄武岩は斜長石の斑晶に富むため，それほど黒っぽくは見えないことが多い。

　火山岩には，鉱物の結晶以外にも，ガラス(非結晶)が含まれる。急激に冷却したため，結晶化できず，ガラスとなったわけである。ガラスおよび微細な結晶を石基という。火山岩は石基と，鉱物の結晶である斑晶から構成される。ガラスが多い，すなわち石基が多いほど黒っぽいということは，斑晶が少ないほど黒っぽいと言い換えられる。

問6 ⑥ **正解は** ②

　岩石が地表で風化し，侵食されて川に運搬され，砕屑物が海底で堆積する。圧密作用とセメント化作用を経て堆積岩となる。プレートの移動で島弧の下に運ばれると，地下の高温・高圧で変成岩となる。あらゆる岩石は，ある条件下でマグマとなる。または，近づいてきたマグマに溶かされてマグマとなる。

　以上は一例だが，次の図のように，長い間に岩石は互いに姿を変える。これを，「岩石サイクル」という。

岩石サイクル

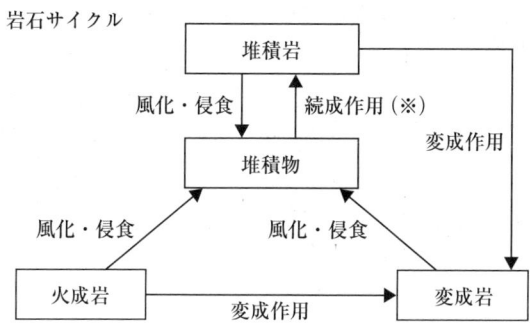

（※）圧密作用・
セメント化作用

① 地上平均気温は，15 ℃である。広域変成岩は，日本列島のようなプレート境界
で，文字通り広域の岩石（〜数百 km）が変成してできる。これは，プレートの衝
突による圧力の付加と，プレートが地下深くに潜り込んで高温になったためであ
る（地球は中心に近いほど高温である）。広域変成岩ができる温度は 300 〜 900 ℃
程度，受ける圧力は地上気圧の数千〜 1 万倍にも達する。広域変成岩に比べれば，
接触変成岩はより浅く，よりマグマに近いところでできる。

③ プレートは海溝に向かって深くなる。プレート上の海山にしばしばサンゴ礁が
乗っている。サンゴは主に炭酸カルシウム（$CaCO_3$）からできているので，長い年
月をかけて石灰岩になる。石灰岩が大陸プレート下に引きずり込まれた後，マグ
マの熱による影響で接触変成岩である大理石（結晶質石灰岩）になることがある。
石灰岩が大理石になる過程では，熱の影響で不純物が取り除かれ，固体のまま大
きな粒の結晶へと変化する。また，新たな種類の結晶ができることもある。

④ チャートは，変成岩ではなく堆積岩である。チャートは生物岩でもあり化学岩
でもあるが，生物岩である場合が多い。放散虫やカイメン，ケイ藻など SiO_2 を
主成分とする骨格をもっている生物の遺骸からできることが多い。

□ 第2問 【南半球の低気圧と天気記号／サイクロンの構造／海洋表層の塩分濃度】

ねらい

　大気の運動と海洋の運動は，太陽放射によって支配されている。ここでいう運動は，水平方向と鉛直方向の双方向でとらえる必要があることに注意しよう。大気や海洋は層をつくり，層構造が様々な現象と関連していることも重要である。

解説

A

問1 7 正解は ②

　低気圧には温帯低気圧と熱帯低気圧があり，構造や性質が異なる。図1の温帯低気圧は，中心に近いほど等圧線間隔が狭い。等圧線間隔が狭いほど風は強く吹くので，点Pよりも点Qの方が風速は大きいと考えられる。

　上空の風は，等圧線に平行に吹いている（地衡風という）。これは，地表面との摩擦がない状態であり，かつ，気圧傾度力と転向力が釣り合っているからである。地表面に近いほど摩擦が無視できなくなり，結果的に南半球においては，低気圧の中心に向かって風は時計（右）回りに吹き込む（地上風）ことになる。

　点Pの天気記号である**イ**は，南南西の風，風力2，点Qの天気記号である**ア**は，南南西の風，風力4と読める。風向は吹いて来る方向であり，風力は0から12の13段階である。

問2 8 正解は ①

　低緯度の海上で水蒸気が激しく蒸発して積乱雲となり，それが渦を巻いたものが熱帯低気圧である。寒気と暖気の衝突でできた温帯低気圧とは，そもそも構造が異なる。発達した熱帯低気圧は，発生場所や存在する場所などに応じて様々な名称で呼ばれる。

　「台風」とは，日本による呼称である。北太平洋（赤道より北側の太平洋）および南シナ海で発生した熱帯低気圧のうち，風速17 m/sを超えるものをさす。ただし，台風は東経180度より東のものはハリケーンと呼ばれる。「台風」以外には「タイフーン」「ハリケーン」「サイクロン」がある。紛らわしいのは「タイフーン」で，台

風と発生域は同じだがさらに強力な熱帯低気圧であり，国際的な呼称である。

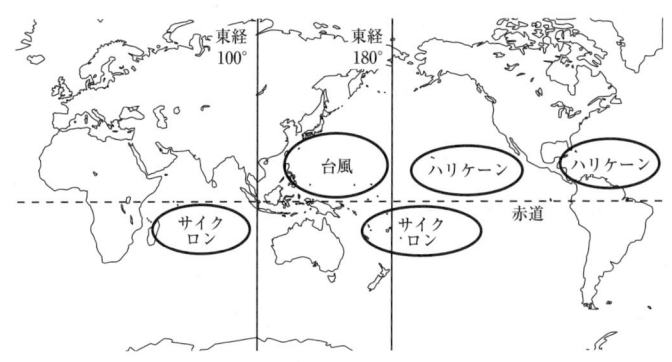

② 熱帯低気圧は水蒸気の潜熱(凝結熱)をエネルギーとしている。したがって，上陸すると水蒸気の供給が絶たれるため，発達することは考えにくい。

③ サイクロンが南下して台風になるということは，サイクロンは日本列島付近に存在することになり，不適切である。

④ 発達した熱帯低気圧は中心付近の風速が非常に大きく，遠心力が大きくなるため雲が吹き飛ばされる。その結果，「目」と呼ばれる青空が広がる部分が存在する。

B

問3 ⑨ 正解は ④

大気の構造や運動は，基本的には赤道に関して対称である。大陸の配置が北半球と南半球では大きく違うが，海洋についても赤道に関して対称であるような現象が多々見られる。

南北両半球の緯度60度付近では，極循環によって上昇気流が卓越しやすい。上昇気流に伴って低気圧が生じ，降雨(降雪を含む)が多い。つまり，「降水量−蒸発量」が比較的大きくなる。したがって，海洋表層の塩分濃度は比較的小さい。

① 海氷(海水が凍ってできた)は，北極海・南極海で見られる。季節や年によって増減する。本問では特定の季節での塩分濃度を問うている訳ではないから，海氷の融解しやすい季節ならともかく，年平均であれば海氷の融解で塩分濃度が小さくなるとは限らない。

② 南極大陸上には，季節によっては氷河が溶けて川のような流れを形成することがある。河川水は淡水であるから，河川水の流入が少ないということは塩分濃度が高くなりがちである。

③ 南緯60度以南を南極海という。南極海では，海氷ができるときに氷から塩分が排出され，海水の塩分濃度が高くなり，海水の沈み込みが起きている部分がある（ウェッデル海）。南極海から低緯度へと冷たく高密度な海水が深層水として循環しており，深層水が湧昇することはない。

□ 第 3 問 【銀河系の恒星の個数／火星と金星／原子核・原子の形成】

ねらい

　　星は群れる。群れるといっても，太陽系のような小さい集団から，星団，銀河，銀河群…のような大きな集団まで，色々なスケールがある。小さいスケールから大きいスケール，のように順を追って理解しよう。

解説

問 1　　10　　正解は ④

　　我々の銀河である銀河系には，恒星が 1000 億〜2000 億個あると推定されていて，その多くは円盤部(ディスク)に集中している。銀河における恒星の個数は銀河の運動から推定されており，アンドロメダ銀河の場合は数千億〜1 兆個ほどあると推測されている。なお，銀河系とアンドロメダ銀河は，他の数十個の銀河とともに局部銀河群という名称の銀河群を形成している。

問 2　　11　　正解は ②

　　太陽に近い水星・金星・地球・火星はいずれも地球型惑星であり，太陽系誕生当初は，水星を除いては比較的類似した原始大気をもっていたと推測されている。現在では，金星と火星のみ二酸化炭素を主とする大気をもっており，両者とも大気の90 %以上が二酸化炭素である。

　　原始大気の主成分は水蒸気と二酸化炭素であり，他には窒素などが含まれていたと推測されている。金星は太陽に近いため，水蒸気は太陽からの紫外線によって分解され，現在では大気中にほとんどない。地球の場合は，金星よりは太陽から遠かったため水蒸気が凝結して海になり，多量の二酸化炭素は海水中のカルシウムイオンと結びついて石灰岩となった。火星は，誕生当初は地球と同じような海があったとされる。火星の質量が小さい(＝引力が小さい)ために大気はどんどん失われ，現在の火星の表面での大気圧は地球のそれの $\frac{1}{100}$ に満たない。火星は比較的太陽から遠いために，極には「極冠」と呼ばれる氷がみられる。氷の主成分は CO_2 と H_2O である。

　　以上より，二酸化炭素を主とする大気をもち，かつ，表面に固体の二酸化炭素が存在するのは 3 個の惑星のうち 1 個(火星のみ)である。

問3　　12　　正解は ③

　　現在の宇宙は冷たく(ほぼ絶対零度)，地球上でつくることのできる真空よりも，真空で，大きな天体がたくさんあり，元素の種類は 100 を超えている。これは宇宙誕生以来，宇宙空間は膨張を続け，進化してきた結果である。これを逆にたどると，宇宙誕生間もない頃は熱く，高密度で，小さな物質ばかりが存在し，元素の種類が少なかったことになる。おおむねこのような理解でよい。

　　宇宙誕生以前を現在の天文学で説明することはできない。誕生当初の宇宙は超高温・超高密度であり，原子が存在することさえできなかった。宇宙は生まれながらに膨張していて，誕生数分後には原子よりも小さい粒子(電子，中性子，水素原子核など)に満たされていた。宇宙は膨張を続けたが，電子が光の行く手を遮っていた。これは，電子に，光の進行方向を変える性質があるためである。さらに膨張して温度が低下した宇宙では，陽子(原子核)と電子が結びついて原子ができた(宇宙の晴れ上がり)。できた原子は，ほぼ水素とヘリウムのみであったとされる。宇宙誕生数億年後には恒星が誕生し，恒星内部の核融合で次々と重い原子ができるようになった。例えば，太陽のような主系列星内部では，水素原子の核融合でヘリウム原子が生成されている。より大きな恒星内部では，より重い原子が生成される。

□ 第4問 【津波／桜島のハザードマップ／火山噴火予知】

ねらい

　　自然は複雑であるから，1次方程式を解くような単純作業でその全貌を明らかにはできない。ただ，過去に起きたできごとを知ることで，災害を低減できる可能性は高い。過去の記録から学び，理屈で考えることを徹底したい。

解説

問1　　13　　正解は ④

a　誤り。液状化現象は，津波とは関係がなく，地震動そのものによって起きる。とりわけ液状化現象が顕著に起きやすいのが砂地の埋め立て地である。普段は砂粒が固く結合しているように見えるが，結合が弱く水分が多く含まれるため，大きな揺れが生じると結合が切れ，砂よりも低密度である水が湧き上がってしまう。

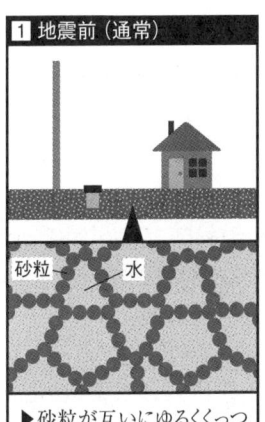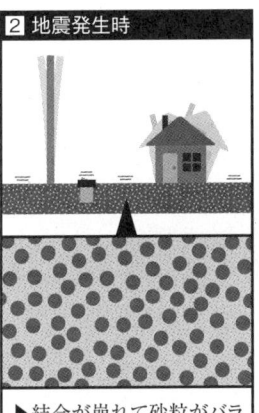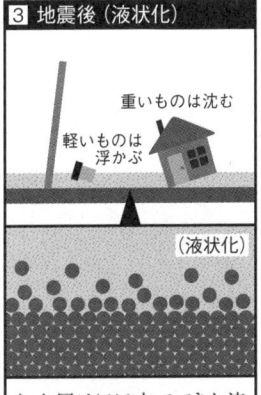

b　誤り。津波は，地震波が起こすのではない。断層が海底に達し，海底地形が大きく変化することで，海水全体が揺り動かされる現象である。風による波は海洋表層の現象であるから，津波がいかに大きなエネルギーをもつか，わかるだろう。津波は，水深が大きいほど速度も大きい。陸に近づくと速度が小さくなり，波高は大き

くなる。速度が小さくなるといっても，海岸近くでの速度はゆっくり走る自動車程度である。津波が目の前に迫ってからでは，逃げ遅れてしまう。津波の威力は，地形によっても変化する。次の図のように，V字型の湾の奥や岬の先端付近では，波高は大きくなりやすい。

V字型の湾の奥

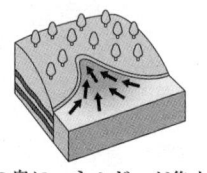

湾の奥にエネルギーが集中し，波高が大きくなりやすい

岬の先端付近

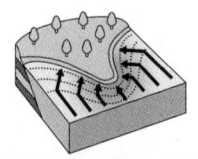

津波が海岸線に対して平行になろうとしてエネルギーが集中し，波高が大きくなりやすい

問2 　14 　正解は ②

知識で解く問題ではないので，しっかりと与えられた問題の図1を見よう。

イは，火砕流の到達可能性が高い曲線の外である。他の選択肢と比較しても，**②**が妥当と考えられる。

① **ア**は大正溶岩がかつて到達している。したがって，今後も溶岩流が到達する可能性は小さくない。

③ 粒径の小さい火砕物は，上空の風に流されることがある。偏西風は西から東へ吹く風である。**ウ**は噴火口の位置から見て西側だから，偏西風の影響で火砕物が降る可能性は小さい。

④ 火砕流は，噴煙柱や溶岩ドームが崩壊し，高温の火山ガスと火砕物が混じり合った状態で，高速で火山を下る現象である。文字通り「下る」ため，上空を吹く偏西風の影響が大きいとは考えにくい。通常，到達範囲は数十 km 程度であるが，縄文時代に起きた鬼界カルデラ(桜島から約 50 km 南に位置する海底火山)の噴火では，鹿児島沖南部から山口県付近まで火砕流が到達し，縄文人がかなり死んだとされる。

問3 　15 　正解は ①

接触変成作用は，貫入したマグマの熱によって，マグマの比較的周囲で起きる変

成作用である。このとき，変成される岩石は固体のままである。日本列島では，花
こう岩マグマの貫入によってできた接触変成岩が多い。火口付近の岩石が噴気やマ
グマによって変色することは十分ありうるが，これは接触変成作用ではない。

② マグマの上昇によってマグマだまりのマグマが増加すると，山体が膨張し，山
肌の傾斜が変化する。火山に設置された傾斜計や，人工衛星の全地球測位システ
ム(GNSS)を用いた火山変動リモート観測装置で常時観測している火山もある。

③ 火山ガスは，水蒸気・二酸化炭素が主であり，火口以外からも噴出することが
ある。二酸化炭素・二酸化硫黄・硫化水素は空気よりも重いため，くぼ地にたま
りやすい。二酸化硫黄・硫化水素は激臭のため存在を気づきやすいが，二酸化炭
素は無色無臭であるため，存在に気づかずに犠牲者が出たこともある(火山災害
全体の中で，火山ガスによる犠牲者数は少ない)。観光地になっている火山地域
では，有毒ガスが基準値を超えると警告するような機器が設置されている。

④ マグマの上昇によって，火山付近に地割れや段差ができることがある。他の前
兆現象としては，地鳴り・河川の濁り・草木の枯死などがある。

解答
解説

第4回

解説動画

出演：青木秀紀先生

4

問題番号 (配点)	設問		解答番号	正解	配点	自己採点①	自己採点②
第1問 (20)	A	問1	1	⑤	3		
		問2	2	②	3		
	B	問3	3	①	4		
		問4	4	②	3		
	C	問5	5	④	4		
		問6	6	④	3		
	小計（20点）						
第2問 (10)	A	問1	7	⑥	4		
		問2	8	⑤	3		
	B	問3	9	④	3		
	小計（10点）						
第3問 (10)	A	問1	10	②	3		
		問2	11	④	4		
	B	問3	12	①	3		
	小計（10点）						
第4問 (10)		問1	13	②	3		
		問2	14	④	4		
		問3	15	③	3		
	小計（10点）						
合計（50点満点）							

□ **第1問** 【横ずれ断層と変位／リソスフェアとアセノスフェア／中生代～新生代初期の地層／人類の進化／火山性土壌の観察／火山噴出物】

　目で見えてわかるほどの移動速度ではないが，プレートは常に動いている。突然動いて，色々な現象を引き起こすのではない。プレートは海洋と大陸では大きく性質が異なることに注意しよう。生物の進化は，地球環境の進化である。環境に適応した生物が出現し，また，生物が環境を変えることもあることを学ぼう。地学は，観察をベースとする学問である。実際に経験するのは難しくても，頭の中で実験できるようにしたい。

解説

A

問1　　1　　正解は ⑤

　断層を挟んで南西側を固定し，北東側を動かす。最初，川がまっすぐ流れている状態(次の左図)から考えて，徐々に北東側を現在の状態へと動かしていく。観測者が南西側にいるとすれば，向こう側(北東側)は左へ(西へ)と動いていく(次の右図)。つまり，左横ずれ断層であるとわかる。断層運動が生じるのは，プレートの運動に伴う圧縮や引っ張る力が主な原因であるが，2点P，Qは断層が活動し続けると，次の右図のように遠ざかっていくと考えられる。なお，観測者が断層の北東側にいるとしても，同じ結果となる。

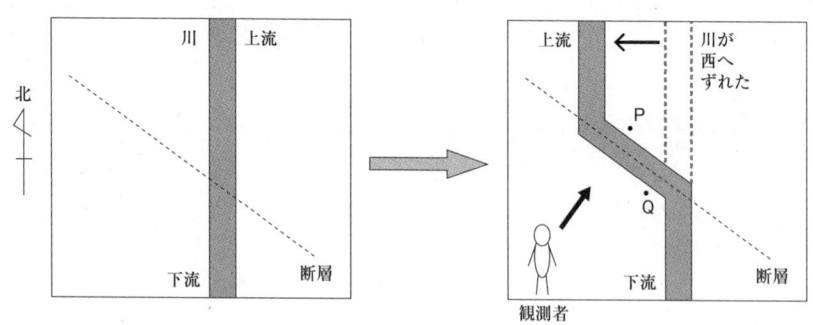

58

問2　　2　　正解は②

海洋地殻(海洋プレート)は海嶺(かいれい)で生まれる。厚さ 0 km の状態から始まり，その下のアセノスフェアを冷却し剥ぎ取りながら厚みを増していく。海洋地域のリソスフェア(プレート)の平均的な厚みは 70 km 程度である。そのうち，地殻の部分は 5 〜 10 km 程度に過ぎない。残りはマントルである。厚く重くなった海洋プレートは，水深も増し，海溝へと沈む。これは，アイソスタシー(均衡)を保つような運動である。

① 海洋地殻を構成する岩石は，主に玄武岩(斑れい岩)でできている。一方，マントル上部は主にかんらん岩でできている。したがって，構成する岩石は全く異なる。

③ リソスフェアは低温で可塑(かそ)性の小さい部分，アセノスフェアは高温で流動性の高い部分である。岩石の種類というよりは，温度とそれに伴う物質の状態(物理的性質)が異なる。

④ 大陸プレートの平均的な厚みは 150 km 程度といわれている。一方，海洋プレートは最も厚いところでも 100 km 程度と推定されている。

B

問3　　3　　正解は①

カヘイ石は，新生代古第三紀の浅い海で繁栄した大型の有孔虫である。有孔虫とは，主に海洋性で石灰質の殻をもつ単細胞生物である。カヘイ石を含む石灰岩は，ピラミッドの石材などでもみられる。哺乳類の出現は中生代三畳紀であるから，カヘイ石の出現・繁栄よりもずっと前である。古第三紀は哺乳類と被子植物の進化が華々しい時代で，それ以前の哺乳類は小さく種類も少なかったが，爆発的な進化を遂げた時代である。

② 地球の歴史全体を通した海水準(平均海水面)の変動を覚える必要はない。アンモナイトは古生代に出現し中生代末に絶滅した，オウムガイの近縁種である。モノチスは中生代三畳紀末に栄えた二枚貝である。中生代は全体を通して温暖な時代であり，地球上どこを探しても氷河がほとんどなかったとされる。中生代の前の古生代も，大量絶滅が起きた時期の前後を除いて全般的に温暖であったようだ。一方，新生代は，初期こそ温暖であったものの徐々に寒冷化・乾燥化し，第四紀には周期的に氷期となっている。

③　古生代に全盛を極めたシダ植物は，シダ植物に比べて乾燥に強い種子植物（裸子植物）にとって代わられるようになる。古生代に出現した裸子植物は，中生代に全盛となる。ジュラ紀には現在知られているような裸子植物の多くが出現し，繁栄した。白亜紀に入ると，裸子植物よりも多様な環境に適応した，花を咲かせる被子植物へと徐々に主役が交代していくことになる。

④　火成岩が貫入すると，図2のように平らな境界面をもつとは考えにくい。したがって，貫入した火成岩が風化作用で削り取られて平らになり，再び海底などで地層A〜Cの堆積が起きたと推測される。火成岩体の形成から地層Cの形成まで時間的間隔が小さくはないから，不整合であると推察される。

問4　　**4**　　正解は ②

　　アフリカ大陸では，2000万年以上前の類人猿の化石が見つかっている。この類人猿の中から，最古の人類とされるサヘラントロプスが700万年ほど前に出現した。400万年前に出現したアウストラロピテクスは，アフリカで140万年前まで生息していたとされる。アウストラロピテクスは猿人とも呼ばれ，250万年ほど前に猿人からホモ属が出現した。初期のホモ属は原人とも呼ばれ，ホモ・エレクトゥスが初めてアフリカ大陸を出た。

①　人類の定義により，不適当である。サヘラントロプスのような人類と類人猿との違いの一つが，常に直立二足歩行を行うということである。直立二足歩行をしていたか否かは，化石の骨格から推定される。

③　新人の出現はアフリカ大陸において20〜15万年前とされる。したがって，新人と猿人が共存していた可能性は低い。原人であれば数万年前まで存在していたものもあったようなので，20〜15万年前に出現した新人と共存していた可能性は高い。

　　なお，人類の進化は，猿人→原人→旧人→新人という直線状なものではなく，各段階で存在期間の重複が見られる。

④　人類はすべて石器をはじめとする道具を使っていた（人類以外にも何かしらの道具を使う生物は存在する）。人類は進化の過程で脳が巨大化し，道具や火を盛んに用いるようになったと考えられている。

C

問5 　5　 正解は ④

　園芸用品店やいわゆる DIY ショップなどで売られている土の中には，火山性のものがある。有名な「鹿沼土（かぬまつち）」は，火山性砕屑物（さいせつ）が風化してできたものである。火山性の土を蒸発皿などの容器に入れ，水を注いで，指の腹で潰しながらかき混ぜ，濁（にご）っている上澄みを捨てる。これを何度か繰り返すと，鉱物や火山ガラスが容器に残る。それを乾燥させて，ルーペや顕微鏡で観察する。

　火山ガラスは，マグマが急冷されてできる，結晶化されていない物質である。火山ガラスは，鉱物には含めない（鉱物は，基本的に無機質な結晶である）。火山ガラスはもろいため，様々な形状を示す。

　一方，石英は鉱物であり，結晶である。本文には「結晶」とあるので，　ア　は石英とわかる。石英もチャートも，主成分は SiO_2 である。鉱物は，原子の結びつきが弱い部分に対して上手に力を加えると，平坦な境界面をつくって割れることがある。これをへき開（面）という。どのようなへき開を示すかは，鉱物による。石英は明瞭なへき開を示さず，上手に力を加えたとしても凸凹した面をつくって割れる。これを断口という。

　流水が運ぶ砕屑物は，その過程で角が取れて丸みを帯びるが，火山灰や溶岩は大きさがふぞろいで凸凹があり不均質で，ごつごつしている。大きさがふぞろいであることを淘汰（とうた）が悪い，と表現する。

問6 　6　 正解は ④

　マグマが地表に噴出してできた流れを溶岩流という。溶岩流は高密度であるが，火山活動に伴って比較的低密度な流れが生じることがある。火砕流や火砕サージである。

　火砕流は，立ち上った噴煙や溶岩ドームが崩壊して生じる。軽石や火山灰など固体の砕屑物を含んだ流れが，火山ガスとともに斜面を下っていく。速度は時速 100 km，温度は約 600〜700 ℃である。火砕サージは，火砕流に対して低密度な流れである。火砕流に含まれる砕屑物の淘汰は悪いことが多いが，火砕サージは微粒子を多く含むために淘汰が良いことが多い。

① 火山灰は直径 2 mm 以下，火山礫（れき）は火山灰よりも大きい。つまり，大きさの違いによる分類である。

② 日本列島付近には偏西風が吹いている。したがって，火山噴出物のうち粒径が小さいものが放出されると，上空で西から東へと流される。

③ 小麦粉を練ってパンを焼くときに炭酸水素ナトリウムを混ぜることがある。加熱によって二酸化炭素が抜け出て，パンの内部が多孔質となる。これと同様に，マグマには揮発性成分が溶けていて，これが発泡すると，火山性砕屑物内に多孔質の構造をつくる。こうしてできたのが軽石やスコリアである。海面で固結して多孔質の砕屑物となったのではない。

□ 第 2 問　【太陽放射の概念／温暖化とアルベド／大気と海洋による熱輸送】

ねらい

　　地表付近においては，地熱の影響よりも太陽放射の影響の方がはるかに大きい。太陽放射は様々な影響を地球の大気と海洋に与える。大気と海洋は，太陽から受け取ったエネルギーを循環させる大きな役割を果たしていることを学ぶ。

解説

A

問1　　7　　正解は ⑥

　　地球の半径を R とおくと，その断面積は πR^2 で表せる。面積 πR^2 の円盤で，単位時間あたり I〔kW/m²〕のエネルギーを得る。このうち地表に到達するのは，題意より $\frac{1}{2} I$〔kW/m²〕である。これを地表面全体の面積 $4\pi R^2$（球の表面積は，$4 \times \pi \times$（半径）² で求められる）で平均するわけだから，$\dfrac{\pi R^2}{4\pi R^2} = \dfrac{1}{4}$ より $\dfrac{1}{4}$ 倍して，$\dfrac{1}{8} I$〔kW/m²〕を得る。

問2　　8　　正解は ⑤

　　惑星などの天体が入射した太陽光をどれだけ反射するかの割合を，アルベドという。地球全体のアルベドは 0.3（30 %）程度である。これは，太陽から入射する光を 1 とすると，地球は 0.3 を宇宙空間へ反射していることを意味する。雪氷のアルベドは土壌のアルベドに比べて大きい。新雪のアルベドは 0.9 に達することもある一方，草原では 0.2 程度しかない。

　　新雪ほどではないが，氷河のアルベドは大きい。氷河が溶けると，地球全体のアルベドは小さくなる。すると，北極域の気温は上昇する。気温が上昇すると，さらに氷河が溶ける。このような，変化を強化する向きへの連鎖を「正のフィードバック」という。氷河がすべて溶けた後も気温は上昇を続けるが，地表からの赤外放射が強まるため，ある一定の温度に達すると平衡状態となる。

B

問3 　9　 正解は ④

　　自分の記憶に頼るのではなく，座標軸や数値をきちんと見よう。赤道において，海洋でも大気でも熱輸送量はすべて負の値となっている。これは，南向きに熱が運ばれていることを意味する。

① 　おおむね，熱輸送量は北半球では正，南半球では負である。したがって，北半球では赤道から北へ，南半球では赤道から南へと熱が運ばれている。このように，気象・海洋現象は，赤道に関してほぼ対称となるものが多い。

② 　北緯 60° において，全熱輸送量は 4×10^{15} W，海洋による熱輸送量は 1×10^{15} W 程度である。したがって，全熱輸送量は海洋による熱輸送量のほぼ4倍である。

③ 　南半球では，ほぼすべての緯度で大気による熱輸送量が海洋による熱輸送量を上回る。一方，北半球においては，低緯度では海洋による熱輸送量が大気による熱輸送量を上回るが，北緯 30° あたりを境に逆転する。このように，南北両半球に顕著な違いが見られるが，高緯度で大気による熱輸送が海洋による熱輸送よりも卓越しているのは共通である。

□ 第３問 【宇宙の晴れ上がり／ボイドと星間ガス／恒星の明るさ】

ねらい

　　天文学の発展は，観測手段の発展でもある。観測手段が発展するたびに，より遠くの宇宙を観測できるようになった。遠くの宇宙は過去の宇宙であるから，観測手段の発達は過去の宇宙研究を進めることになる。

解説

A

問１ | 10 | 正解は ②

　　宇宙が誕生して数分後には，陽子(水素原子核)・中性子・電子が混沌と存在する，高温高密度状態であった。宇宙は一様に膨張を続け，温度が下がってくる。その頃，電子は光の直進を邪魔していた。38 万年後，宇宙の温度が 3000 K くらいまで下がった頃，やっと電子が陽子やヘリウム原子核と結合して取り込まれ，それぞれ水素原子とヘリウム原子になった。光は直進をするようになり，現在の我々に届いているのと同じようになった。これを，「宇宙の晴れ上がり」という。

① 現在の宇宙は絶対零度に近い，極寒の世界である。ところが，誕生間もない頃の宇宙は超高温であることが観測によってわかっている。現在地球上でとらえることができる最も古い光は，宇宙誕生から 38 万年後のものである。この光は，宇宙の膨張によるドップラー効果で波長が本来のものよりも伸びて観測されているが，それを補正すると当時の宇宙は 3000 K もあったことがわかっている。「灼熱の小さい宇宙」が膨張して「極寒の大きい宇宙」になったのである。

③ 宇宙の地平線とは，我々が観測できる宇宙の限界であり，宇宙の寿命から 138 億光年先ということになる。銀河系は半径がたかだか数万光年であるから，宇宙の地平線は銀河系の果てよりもずっと遠くである。

④ 光学望遠鏡とは，鏡やレンズを組み合わせてできる望遠鏡である。主に可視光線で観測する。これを用いて昼間に銀河を観測しようとすると，太陽光があまりにも強いため，可視光線が主である太陽光に邪魔されて観測できない。一方，電波望遠鏡は，文字通り電波を集める。電波を集めるしくみは光学望遠鏡の反射望遠鏡と同じ原理である。太陽光に邪魔されず昼夜を問わず観測できるが，人間生活によって発生するノイズに弱い。電波望遠鏡で観測する対象の一つに，星間ガ

スが出す波長 21 cm の電波がある。

問2 11 正解は ④

フィラメントとは，長い糸のことである。観測技術の発達により，宇宙空間にはきわめて多数の銀河が連なっている部分があることがわかっている。糸状につながっているようにも見えるため，フィラメント(構造)と呼ぶ天文学者がいる。超銀河団，グレートウォールもほぼ同じ意味で用いられる。

銀河が密集している部分もあれば，銀河の分布密度が低い部分もある。こういった銀河存在の「濃淡」は，誕生間もない頃の宇宙の様子が原因であるといわれている。銀河の分布密度が低い部分をボイドという。ほぼ真空であるが星間物質は存在する。星間物質のうち大部分を占める物質が，星間ガスである水素である。

B

問3 12 正解は ①

暗く見える電球は，距離が遠いから暗く見えるのかもしれない。恒星の明るさを比較するとき，観測者から恒星までの距離をそろえないと比較にならない。実際，10 パーセク(約 32.6 光年)の距離に恒星を置いたときの明るさを絶対等級という。見かけの等級も絶対等級も，5 小さくなると明るさは 100 倍になる。

ア ケンタウルス座 a 星までの距離を2倍にする。つまり，シリウスと同じ距離にする。観測者が動かず，観測者と光源の間に光を吸収する物質が存在しないとして，光源までの距離 x が倍になるとその明るさは $\frac{1}{x^2}$ 倍になる。したがって，距離が2倍になったケンタウルス座 a 星は明るさが $\frac{1}{4}$ 倍に見え，0 等星よりも暗くなる。すなわち等級は大きくなるため，シリウスの方が明るい。

イ・ウ バーナード星もウォルフ 359 も，シリウスと同じ距離となる位置に置けば暗くなる。したがって，星までの距離をそろえたとき，恒星**ア〜ウ**すべてがシリウスよりも暗くなる，すなわちシリウスより明るくなる星はこの中にはない。

□ 第４問 【炭素循環／小天体衝突／環境総合（エネルギー）】

ねらい

　　環境問題は，気象学と密接に関連する。これまで，地球の歴史の中で，大気や海洋は大きく変化してきた。これは，地球内部の活動の結果であり，また，太陽などの外的要因の結果である。現代では，上記に加えて人間活動の結果も加わる。自然界の相互作用を，人類との関係も含めて理解しよう。

解説

問1 ☐13☐ 正解は ②

　　生物の身体を構成する重要な元素である炭素は，二酸化炭素やメタン，炭酸イオンといった様々な形で循環している。自然界はバランスがとれるように変化するので，本来ならば地表から大気へ移動する炭素量 X と，大気から地表へ移動する炭素量 Y は等しい。つまり，「$X-Y=0$」となるはずである。ところが，人間活動などの影響で，大気における炭素の年間増加量が 32 億 t/ 年とあるから，

　　　$906+x+1212-(922+1228)=32$

となる。これを解いて，$x=64$ を得る。直感で $x=32$ と答えてしまわないよう，きっちり計算しよう。

問2 ☐14☐ 正解は ④

a　不適切。エルニーニョ現象は人為的なものではない。エルニーニョ現象はラニーニャ現象とほぼ交互に，数年おきに起きる自然現象である。エルニーニョ現象は，近年では ENSO（エルニーニョ・南方振動）と呼ばれる。赤道太平洋地域の大気と海洋が相互に影響を与えて起きると考えられている。エルニーニョ現象に伴い，貿易風が弱体化し，赤道太平洋西部（インドネシア付近）に集まった暖水が薄くなる。その結果，大気の鉛直運動が弱くなり，太平洋高気圧が弱まって日本列島に影響を及ぼすことがある。傾向としては，エルニーニョ現象が起きていると，日本列島は冷夏・暖冬になりがちである。ラニーニャ現象は，その逆である。

b　不適切。近年，自動車に搭載された車内カメラに，燃えながら落下する隕石が偶然映り込んだことがあった。太陽系には望遠鏡やレーダーでとらえづらい小天体がたくさんある。とらえづらい理由は，天体が小さいことだけではなく，天体から放

射される電磁波が弱いこともある。つまり，地球上からとらえることができた時点
で，回避のしようがない場合が考えられる。同様に，地球はまだ冷め切っておらず，
プレートが動き，地震や火山が活動している。まだまだ，途上なのである。

問3　15　正解は ③

　化石燃料とは，燃料となりうる物質のうち，生物の遺骸(いがい)が堆積して，長い年月を
かけてできたものをさす。化石燃料には，石油・石炭・メタンハイドレートなどが
ある。化石燃料は今でも地中深くで生成されている可能性はあるが，生成される速
度よりも速く消費しているため，いつかは枯渇するとみられている。

　一方，再生可能エネルギーとは，文字通り自然界によって補充(再生)されるエネ
ルギーである。もちろん，補充される速度は，消費される速度よりも大きい。定義
は色々あるが，わが国では太陽光・風力・水力・バイオマスなどを再生可能エネル
ギーに指定している。ここで，バイオマスとは，生物由来の資源の総称である。

　断層運動によって莫大(ばくだい)なエネルギーが解放されるが，現時点ではそれをエネルギ
ーとして取り出すことはできていない。

① 　オゾンは紫外線が強い地域，すなわち低緯度域で多量に生成する。オゾンは，
上空の対流によって両極へと運ばれる。極では，冬季に特殊な雲ができる。一方，
人間活動によって大気中に放出されたフロンは，これまた上空の対流で両極に運
ばれることがある。極域に達したフロンは極独特の雲にとらえられ，春，太陽か
らの紫外線によってフロンが破壊され，生じた塩素原子が連鎖反応的にオゾンを
破壊する。こうしてできるのがオゾンホールである。大陸配置の関係で，北極域
でのオゾンホールは小さく，毎年できるわけではないことがわかっている。

② 　地球上での温室効果ガスは，水蒸気・二酸化炭素・メタン・フロン・一酸化二
窒素などがある。大気中に最も多く含まれているのは水蒸気であり，人間活動に
由来するものもあれば，そうでないものもある。温室効果ガスが及ぼす温室効果
のうち，5割が水蒸気によるもの，2割が二酸化炭素によるものと推測されている
(諸説ある)。

④ 　地球温暖化対策が全くなされない場合，20世紀末から21世紀末にかけて4.8℃
ほど地球の平均気温が上昇すると推測されている。これは，IPCC（気候変動に関
する政府間パネル)によるものである。産業革命を起点とすると，21世紀末には
6℃ほど上昇する可能性がある。

解答解説 第 5 回

解説動画

出演：青木秀紀先生

5

問題番号(配点)	設問		解答番号	正解	配点	自己採点①	自己採点②
第1問(20)	A	問1	1	③	4		
		問2	2	③	3		
	B	問3	3	④	4		
		問4	4	①	3		
	C	問5	5	⑤	3		
		問6	6	②	3		
	小計（20点）						
第2問(10)	A	問1	7	①	4		
		問2	8	③	3		
	B	問3	9	④	3		
	小計（10点）						
第3問(10)		問1	10	①	3		
		問2	11	④	4		
		問3	12	⑦	3		
	小計（10点）						
第4問(10)		問1	13	⑥	3		
		問2	14	①	4		
		問3	15	②	3		
	小計（10点）						
合計（50点満点）							

□ **第1問** 【地球全周の測定（計算）／偏平率・プレート境界と地震／地層と地質年代／生物進化と大陸移動／岩石サイクル（変成作用）／岩石・鉱物の観察と分類】

ねらい

プレートの運動，生物の進化，岩石の風化など，地表は絶えず変化している。大陸移動や生物の進化のように長時間をかけて変化するものもあれば，マグマの固化のように短時間での変化もある。各現象を，各時間スケールで理解しよう。

解説

A

問1　　1　　正解は ③

与えられた選択肢の数値が比較的近いものばかりであるため，ある程度丁寧に計算する必要がある。また，暗記している数値を用いるのは危険である。当然のことながら，問題文に書かれている条件が優先である。

シエネとアレクサンドリアが同一子午線上であるため，太陽高度の差は緯度差に相当する。緯度差は 90−83＝7° であるから，地球全周は次のように計算できる。

$$930 \times \frac{360}{7} = 47\text{???.?... km}$$

上位2桁が求まれば選択肢は選ぶことができるので，そこで計算を止めればよい。

問2　　2　　正解は ③

a 誤。惑星が球に比べてどれだけつぶれているかの程度は，偏平率で表す。偏平率が大きいほどよりつぶれていて，小さいほど球に近いことを表す。

惑星の偏平率に大きく影響を与えるのは，惑星の状態（岩石であるか，ガスであるか）と自転速度である。木星や土星は主にガスでできていて，自転速度が大きいために偏平率も大きい。一方，地球型惑星は主に岩石でできていて，自転速度も木星型惑星に比べて小さい。したがって，偏平率は小さいのである。

地球は，月の存在の関係で，自転速度は徐々に小さくなっている。自転速度が小さいとはたらく遠心力も小さくなることが考えられるから，偏平率は小さくなる。したがって，自転速度が大きかった過去の地球では，ほかの条件が変わらないとして，偏平率は現在よりも大きかったと推定される。

b　正。ヒマラヤ山脈は，大陸プレートどうしが衝突するタイプの収束境界に位置する。圧縮する方向に力がはたらく位置であるから，逆断層型である。また，プレートの沈み込み帯ではないのだから，震源は浅い。

B

問3　[3]　正解は ④

Ⅰ　正。長い期間において，海水面や地殻は常に変動している。地表に露出した地層は，長い年月をかけて風化・侵食を受ける。つまり，地層形成が中断される。再度海底に没した地層は，その上に新たな堆積物が重なり，地層形成が再開する。新たな地層とその下の地層の関係を不整合といい，境界となる面を不整合面という。不整合面上には，礫が乗っていることが多い。この礫は，侵食された地層が没する際に近い地域から運ばれてきたり，侵食された地層に由来したりするものである。

Ⅱ　誤。5.2億年前は，古生代初期である（古生代は5.4～2.5億年前）。縞状鉄鉱層は地球の歴史の中で何度か大規模に形成されたことがわかっている。縞状鉄鉱層は，シアノバクテリアが海中で出す酸素によって，海中に溶けていた鉄イオンが沈殿してできる。縞状鉄鉱層の形成はすべて先カンブリア時代のものである。なお，現在の鉄鉱石は，90％が縞状鉄鉱層に由来するとされる。

Ⅲ　誤。1億年前は，中生代白亜紀である。植物では，被子植物の繁栄が起きた時代である。白亜紀の一つ前のジュラ紀に登場した被子植物が，シダ植物や裸子植物にとって代わるようになった。哺乳類の出現は三畳紀，鳥類の出現はジュラ紀である。

問4　[4]　正解は ①

　こういった問題は順を追って解かねばならないので，時間がかかる。さっさと解く魔法はない。順を追って見ていこう。その際，図2より，途中で滅んだ生物はいないことに気をつけること。

　時代Ⅰには，大陸Pに生物bがいた。時代Ⅱに大陸Pが大陸Qと大陸Rに分かれたとき，大陸Qでbがaに進化した。このとき，大陸Rには生物bのみがいた。

　時代Ⅲになると，大陸Rが大陸Sと大陸Tに分裂した。大陸Sには生物bのみがいた。大陸Tでは生物bから進化した生物cが出現した。時代Ⅳになると，大陸Tは大陸Uと大陸Vに分裂した。大陸Vにおいて，生物cが生物dへと進化した。

　以上をまとめると，大陸Pには生物b，大陸Qには生物bとa，大陸Rには生物

b，大陸Sには生物b，大陸Tには生物bとc，大陸Uには生物bとc，大陸Vには生物bとcとdがいたことになる。したがって，生物bの1種類のみがいる大陸がP，R，Sの三つであるから，①が正解となる。

C

問5　| 5 |　正解は⑤

オ・カは変成作用を表す。変成作用は，広域変成作用と接触変成作用に大別され，いずれも地下深くで圧力や熱の影響を受けてできる。変成作用を受けるのは特定の岩石ではなく，あらゆる岩石である。鉱物が地下水と反応するのは化学反応である。例えば，石灰岩地域では，地下水と石灰岩が反応して洞窟（どうくつ）をつくることがある。洞窟の中には，鍾乳石（しょう）ができる。

① 風化・侵食を表す矢印は，**ア・ウ・エ**の三本である。

② **イ**では，海底などで堆積した堆積物が，さらに上にたまった堆積物の重みで粒子間の水が抜け（圧密作用），残ったわずかなすき間に鉱物が沈殿するセメント化作用（膠結作用（こうけつ））を表している。

③ 鉱物の種類によって，温度変化に対する膨張・収縮の度合いは異なる。高地や高緯度域では温度の日変化・年変化が大きく，岩石の中で鉱物が膨張・収縮を繰り返すことですき間ができ，そこに水が侵入して凍結することで岩石の破壊が進みやすくなる。

④ 変成作用は，固体のまま再結晶が進む作用である。

問6　| 6 |　正解は②

大まかな傾向として，斑（はん）れい岩・閃緑岩（せんりょく）・花こう岩の順に白っぽくなっていく。これは，岩石中の有色鉱物の割合が順に減少し，無色鉱物の割合が順に増加することに対応する。

有色鉱物は鉄やマグネシウムの酸化物によって濃い色をしている。一方，無色鉱物は鉄やマグネシウムを含まず二酸化ケイ素（SiO_2）の割合が多いため，白っぽい。岩石や鉱物の色は含まれる微量な元素によっても大きく変わるため，安易に決めつけないようにしよう。

① 堆積岩には，砕屑岩（さいせつ）・火山砕屑岩・生物岩・化学岩がある。そのうち，砕屑岩の分類は，構成する粒子の大きさでなされる。大きい順に，礫岩・砂岩・泥岩で

ある。それぞれの砕屑岩はさらに細分される。砂岩の粒径(直径)が $2 \sim \frac{1}{16}$ mm であることは覚えておこう。

③ マグマが高温で全く固体(結晶)を含まないとき，融点が高い鉱物(結晶)は自由に成長して自らがもつ形(自形)を示す。自形を示す鉱物が結晶となった後，マグマの温度がさらに下がると，既に結晶化した鉱物のすき間を縫うように新たな鉱物が成長する。後から結晶となった鉱物は自由に成長できないため，半自形・他形を示す。

④ 濃い食塩水を放置し，水を蒸発させると，立方体をした食塩の結晶が残る。これは，食塩(塩化ナトリウム)の結晶が本来は立方体型であることを意味する。鉱物の多くは，原子の配列によって決まった形をし，決まった形に割れやすい性質をもつ。これを「へき開」という。薄くはがれる性質がある鉱物に，黒雲母がある。

□ 第2問 【地表に届く日射の割合／蒸発熱／海水温の深度別分布】

ねらい

大気は様々な方向に運動し，地球の気候に大きな影響を与えている。地球大気中にはある程度の水蒸気が含まれていて，気候や気象現象に対して水蒸気の影響が小さくないことを理解しよう。また，日本列島のような中緯度地帯では，大気や海洋の季節変化も重要である。

解説

A

問1 　7　　正解は ①

どんな分野でも，大まかな数値は捉えておこう。数値を捉えることで，頭の中での実験は格段にやりやすくなる。

地球に垂直に入射する太陽放射エネルギーを 100 とする。そのうち，30 は宇宙空間へと反射される。残った 70 のうち，20 は大気で吸収され，50 が地表に届く。つまり，地表で受ける太陽光は，大気圏上端で受けるエネルギーの半分なのである。したがって，本問の日射計の受熱面を大気圏上端にもっていくことで，単位時間あたりに受け取るエネルギーは2倍となり，温度上昇も2倍となることが予想される。

問2 　8　　正解は ③

物質が状態変化をする際に出入りする熱を潜熱という。状態変化が起きる際，温度は変化しない。一方，物質の温度変化に伴う熱を顕熱という。

水(H_2O)に限らず，固体・液体が気体に，固体が液体に変化する際，余ったエネルギーが放出される。気体・液体が固体に，液体が固体に変化する際はエネルギーが必要なため，周囲から熱を奪う。本問ではこれに相当する。簡易日射計から熱が奪われることで水温の上昇幅は小さくなる。

B

問3 　9　　正解は ④

地球の表面におけるエネルギー収支(熱収支)では，地熱の与える影響は 1 ％にも満たない。確かに海底には熱水噴出孔や活発に火成活動をする海嶺があるが，海水

温に与える影響は非常に限定的である。

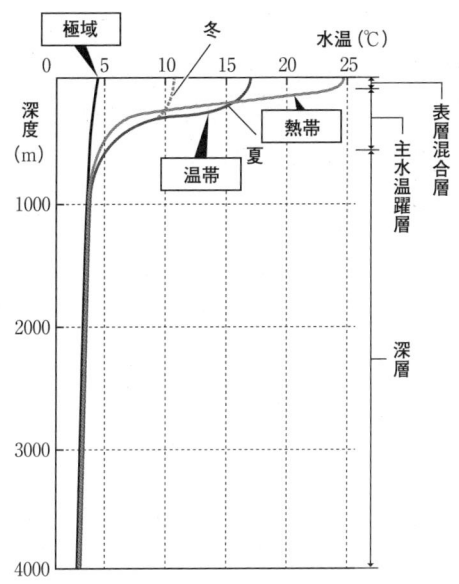

① 図2の部分Aは表層混合層である。表層混合層は，日射の影響と風の影響を大
きく受ける。日射に暖められ，風によって混合されるのである。中緯度域では，
夏季よりも冬季の方が風は強いため冬季の方が表層混合層は厚い傾向にある。

② 図2の部分Bは主水温躍層である。中緯度域では，比較的高温の表層混合層と
低温の深層をつなぐ部分であり，温度変化は大きい。一方，高緯度域では，表層
混合層は低温である。深層の温度は緯度による変化が小さいため，主水温躍層は
高緯度域では小さく，極域ではほぼ見られない。

③ 外洋では，水深200m程度に達すると太陽光線はほぼ届かず，水深1000m程度
になると漆黒の闇となる。したがって，図2の部分C付近における太陽光線の影
響は皆無と思われる。

□ 第3問 【彗星軌道／彗星の尾／局部銀河群】

ねらい

　恒星（太陽）や惑星だけでなく，太陽系には多種多様な天体が存在している。様々な太陽系天体の運動や性質，太陽系誕生からの歴史を理解しよう。

解説

問1　10　正解は①

　彗星は氷と岩石（泥）からできていて，密度とアルベドは比較的小さい。太陽系誕生当初の氷微惑星が成長しきれなかったものやその破片が起源であると言われている。

　彗星の公転周期は様々である。最も周期の短いものの一つが，エンケ彗星である（周期3.3年）。エンケ彗星は，11月に見られるおうし座流星群の母天体である。つまり，エンケ彗星がエンケ彗星の軌道上に塵を残し，そこを地球が横切るとき，塵が地球大気に突入して発光するのである。短周期彗星は，海王星の外側にあり，リング状になっている「エッジワース・カイパーベルト」に多く見られる。一方，公転周期が200年以上のものを長周期彗星という。長周期彗星は，太陽系を球殻状に包む「オールトの雲」が起源であると言われているが，オールトの雲自体は未だ発見されていない。

問2　11　正解は④

　彗星のアルベドは小さい。すなわち，太陽光を反射しにくい。先述のエンケ彗星であると，アルベドはわずか0.04程度である。わずか4％しか太陽光を反射しない。よって，彗星は太陽にかなり近づかないと観測できない。太陽に近づいた彗星は，太陽の熱や太陽風の影響でコマ（大気）や尾ができ，これらが太陽光を反射して輝くため観測しやすくなる。

① 昼，彗星は見えない。これは，太陽光が明る過ぎるためである。

② 地球の自転速度はほぼ一定である。なお，彗星が太陽に近づくと，彗星の公転速度は大きくなる（ケプラーの第2法則）。

③ 彗星が地球にかなり近づいたとしても，地球の影響で光ることは考えにくい。

問3 12 正解は ⑦

Ⅰ 誤。銀河・銀河群・銀河団は一般名詞である。一方，銀河系・アンドロメダ銀河・局部銀河群は固有名詞である。銀河系は，アンドロメダ銀河などと局部銀河群を形成する。我々が住んでいる銀河，すなわち銀河系は，円盤部の直径が10万光年である。銀河系の広がりはハロ（ハロー，halo）と呼ばれ，銀河系全体を球状に包んでいる。銀河系単体でも数十万光年の広がりがあるから，数万光年では小さい。

Ⅱ 誤。宇宙の膨張によって，ほとんどすべての銀河は，我々から遠ざかっている。一方，同じ局部銀河群に属するアンドロメダ銀河は，秒速100 kmで我々に近づいている。将来，銀河系と合体するのではと言われている。

Ⅲ 正。銀河とは，恒星や惑星，星間物質などが多数集まっている天体である。銀河系の場合，恒星は1000 〜 2000億個あると推定されている。個数は，銀河系の公転運動から推定されたものである。

　銀河には渦巻銀河や楕円銀河などいくつかの形状がある。また，銀河群・銀河団のように集団を形成する場合が多い。宇宙空間では，銀河が密集しているところと，スカスカのところがあることが観測でわかっている。

□ 第4問 【正のフィードバック／土砂災害／緊急地震速報】

ねらい

　　刻々と変化する地表では，様々な災害が起きる。大気や海洋はつながっているから，日本以外の地域で起きている現象も，日本列島に大きな影響を及ぼすこともある。地球の「システム」を理解しよう。

解説

問1　13　正解は ⑥

　　例えば，気温が上がったとする。この変化を増幅する方向，すなわちさらに温度上昇をもたらすようなしくみを正のフィードバックという。逆に，変化を抑制する方向のしくみが負のフィードバックである。

　　永久凍土が融けると，その付近では土壌がむき出しになる。氷に比べて土壌は黒っぽいため，太陽光反射が弱くなり，太陽光を吸収しやすい。したがって，地表がより多くの太陽放射を吸収するようになる。氷の部分が融け出し，土壌内の有機物が分解されるようになり，メタン（ガス）が発生する。メタンは，二酸化炭素の25倍もの温室効果をもつため，温暖化が促進される。

問2　14　正解は ①

a　一般に，粘土層は地下水を通しにくい。よって，粘土層の上に地下水がたまり，地盤がゆるくなることがある。ゆるくなった地盤や脆い地層が，地震動などを契機としてゆっくりと斜面下方に動くのが地すべりである。移動する土塊の量が大きいため，建物が破壊されたり，下方の川がせき止められて氾濫したり，大きな被害をもたらすことがある。

b　地すべりに比べて，崖崩れは急な動きをする。急な勾配をもつ斜面が，大雨や地震動の影響で不安定になり，短時間のうちに崩れ落ちる現象である。

c　山腹や川底の土砂が，集中豪雨などを契機として下流へ一気に押し流される現象が土石流である。時速40 kmに達することもある。土石流の一部は，「山津波」と呼ばれることもある。地すべりは土石流の類似現象であるが，地下水の影響を大きく受ける地すべりに対し，土石流は河川そのものの影響を大きく受ける。

問 3 　 15 　正解は ②

　　初期微動は P 波の到達によって起きる。P 波は，地点 A から地点 B までの距離 210−70＝140 km を 28−8＝20 秒で進む。よって，その速度は 140÷20＝7 km/s である。

　　主要動は S 波の到達，次いで表面波の到達で起きる。S 波は P 波が 20 秒かけて進んだ距離を 58−18＝40 秒と P 波の 2 倍の時間をかけて進んでいるから，速度は P 波の $\frac{1}{2}$ の 3.5 km/s である。

　　地点 A において，（震源距離）÷（P 波の速度）＝70÷7＝10 秒より，地震発生時刻は初期微動開始時刻 9：30：08 の 10 秒前，すなわち 9：29：58 とわかる。

　　P 波が地点 C に到達した時刻は，（震源距離）÷（P 波の速度）＝35÷7＝5 秒より，9：30：03 で，緊急地震速報が発出されたのは 9：30：09 である。この時点で，地点 A・地点 B では主要動は開始していない。

　　地点 C での主要動開始時刻は，（震源距離）÷（S 波の速度）＝35÷3.5＝10 秒より，9：30：08 であるから，まだ緊急地震速報は発出されていない。

資料・写真 提供・協力一覧（敬称略）

第2回：「地震の基礎知識」（国立研究開発法人防災科学技術研究所｜ https://www.hinet.bosai.go.jp/about_earthquake/part1.html）
　　　　「全球年平均海面水温」（気象庁｜ https://www.data.jma.go.jp/gmd/kaiyou/data/db/climate/glb_warm/sst_annual.html）
　　　　「ヘイル・ボップ彗星」（iStock.com）
　　　　「惑星状星雲（M57）」（iStock.com）
　　　　「小惑星イトカワ」（JAXA）
　　　　「金環日食」（iStock.com）
第3回：「アンドロメダ銀河」（iStock.com）
第4回：「A map of the local universe as observed by the Sloan Digital Sky Survey.」
　　　　（M. Blanton and SDSS｜ https://www.sdss.org/）
第5回：「大雨や猛暑日など（極端現象）のこれまでの変化」
　　　　（気象庁｜ https://www.data.jma.go.jp/cpdinfo/extreme/extreme_p.html）

東進 共通テスト実戦問題集 地学基礎

発行日：2023年 7月 23日　初版発行

著者：**青木秀紀**
発行者：**永瀬昭幸**
発行所：**株式会社ナガセ**
　　　　〒180-0003 東京都武蔵野市吉祥寺南町 1-29-2
　　　　出版事業部（東進ブックス）
　　　　TEL：0422-70-7456 ／ FAX：0422-70-7457
　　　　URL：http://www.toshin.com/books/ （東進WEB書店）
　　　　※本書を含む東進ブックスの最新情報は東進WEB書店をご覧ください。
編集担当：益田康太郎

編集協力：有限会社中村編集デスク
デザイン・装丁：東進ブックス編集部
図版制作・DTP・
印刷・製本：シナノ印刷株式会社

合格の秘訣1 全国屈指の実力講師陣

東進の実力講師陣 数多くのベストセラー参考書を執筆!!

東進ハイスクール・東進衛星予備校では、そうそうたる講師陣が君を熱く指導する！

本気で実力をつけたいと思うなら、やはり根本から理解させてくれる一流講師の授業を受けることが大切です。東進の講師は、日本全国から選りすぐられた大学受験のプロフェッショナル。何万人もの受験生を志望校合格へ導いてきたエキスパート達です。

英語

本物の英語力をとことん楽しく！日本の英語教育をリードするMr.4Skills.

安河内 哲也先生
[英語]

100万人を魅了した予備校界のカリスマ。抱腹絶倒の名講義を見逃すな！

今井 宏先生
[英語]

爆笑と感動の世界へようこそ。「スーパー速読法」で難解な長文も速読即解！

渡辺 勝彦先生
[英語]

雑誌『TIME』やベストセラーの翻訳も手掛け、英語界でその名を馳せる実力講師。

宮崎 尊先生
[英語]

いつのまにか英語を得意科目にしてしまう、情熱あふれる絶品授業！

大岩 秀樹先生
[英語]

全世界の上位5%(PassA)に輝く、世界基準のスーパー実力講師！

武藤 一也先生
[英語]

関西の実力講師が、全国の東進生に「わかる」感動を伝授。

慎 一之先生
[英語]

数学

数学を本質から理解し、あらゆる問題に対応できる力を与える珠玉の名講義！

志田 晶先生
[数学]

論理力と思考力を鍛え、問題解決力を養成。多数の東大合格者を輩出！

青木 純二先生
[数学]

「ワカル」を「デキル」に変える新しい数学は、君の思考力を刺激し、数学のイメージを覆す！

松田 聡平先生
[数学]

予備校界を代表する講師による魔法のような感動講義を東進で！

河合 正人先生
[数学]

付録 **1**

WEBで体験

東進ドットコムで授業を体験できます！
実力講師陣の詳しい紹介や、各教科の学習アドバイスも読めます。
www.toshin.com/teacher/

国語

「脱・字面読み」トレーニングで、「読む力」を根本から改革する！
興水 淳一先生
[現代文]

明快な構造板書と豊富な具体例で必ず君を納得させる！「本物」を伝える現代文の新鋭。
西原 剛先生
[現代文]

東大・難関大志望者から絶大なる信頼を得る本質の指導を追究。

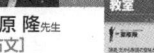
栗原 隆先生
[古文]

ビジュアル解説で古文を簡単明快に解き明かす実力講師。
富井 健二先生
[古文]

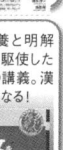
縦横無尽な知識に裏打ちされた立体的な授業に、グングン引き込まれる！
三羽 邦美先生
[古文・漢文]

幅広い教養と明解な具体例を駆使した緩急自在の講義。漢文が身近になる！
寺師 貴憲先生
[漢文]

文章で自分を表現できれば、受験も人生も成功できますよ。「笑顔と努力」で合格を！
石関 直子先生
[小論文]

理科

正しい道具の使い方で、難問が驚くほどシンプルに見えてくる！
宮内 舞子先生
[物理]

化学現象を疑い化学全体を見通す「伝説の講義」は東大理三合格者も絶賛。
鎌田 真彰先生
[化学]

「なぜ」をとことん追究し「規則性」「法則性」が見えてくる大人気の授業！
立脇 香奈先生
[化学]

「いきもの」をこよなく愛する心が君の探究心を引き出す！生物の達人。
飯田 高明先生
[生物]

地歴公民

歴史の本質に迫る授業と、入試頻出の「表解板書」で圧倒的な信頼を得る！
金谷 俊一郎先生
[日本史]

つねに生徒と同じ目線に立って、入試問題に対する的確な思考法を教えてくれる。
井之上 勇先生
[日本史]

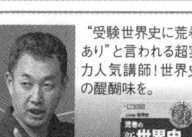
"受験世界史に荒巻あり"と言われる超実力人気講師！世界史の醍醐味を。
荒巻 豊志先生
[世界史]

世界史を「暗記」科目だなんて言わせない。正しく理解すれば必ず伸びることを一緒に体験しよう。
加藤 和樹先生
[世界史]

どんな複雑な歴史も難問も、シンプルな解説で本質まで徹底理解できる。
清水 裕子先生
[世界史]

わかりやすい図解と統計の説明に定評。
山岡 信幸先生
[地理]

政治と経済のメカニズムを論理的に解明しながら、入試頻出ポイントを明確に示す。
清水 雅博先生
[公民]

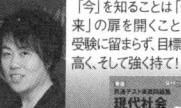
「今」を知ることは「未来」の扉を開くこと。受験に留まらず、目標を高く、そして強く持て！
執行 康弘先生
[公民]

映像によるIT授業を駆使した最先端の勉強法

高速学習

一人ひとりの レベル・目標にぴったりの授業

東進はすべての授業を映像化しています。その数およそ1万種類。これらの授業を個別に受講できるので、一人ひとりのレベル・目標に合った学習が可能です。1.5倍速受講ができるほか自宅からも受講できるので、今までにない効率的な学習が実現します。

1年分の授業を 最短2週間から1カ月で受講

従来の予備校は、毎週1回の授業。一方、東進の高速学習なら毎日受講することができます。だから、1年分の授業も最短2週間から1カ月程度で修了可能。先取り学習や苦手科目の克服、勉強と部活との両立も実現できます。

現役合格者の声

東京大学 文科一類
早坂 美玖さん
東京都 私立 女子学院高校卒

私は基礎に不安があり、自分に合ったレベルから対策ができる東進を選びました。東進では、担任の先生との面談が頻繁にあり、その都度、学習計画について相談できるので、目標が立てやすかったです。

先取りカリキュラム

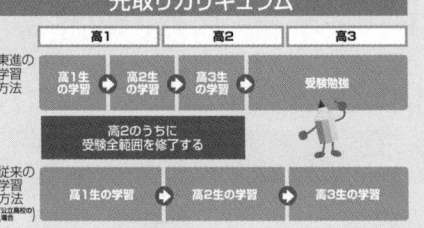

目標まで一歩ずつ確実に

スモールステップ・ パーフェクトマスター

高校入門から最難関大までの12段階から自分に合ったレベルを選ぶことが可能です。「簡単すぎる」「難しすぎる」といったことがなく、志望校へ最短距離で進みます。

授業後すぐに確認テストを行い内容が身についたかを確認し、合格したら次の授業に進むので、わからない部分を残すことはありません。短期集中で徹底理解をくり返し、学力を高めます。

自分にぴったりのレベルから学べる 習ったことを確実に身につける

現役合格者の声

東北大学 工学部
関 響希くん
千葉県立 船橋高校卒

受験勉強において一番大切なことは、基礎を大切にすることだと学びました。「確認テスト」や「講座修了判定テスト」といった東進のシステムは基礎を定着させるうえでとても役立ちました。

パーフェクトマスターのしくみ

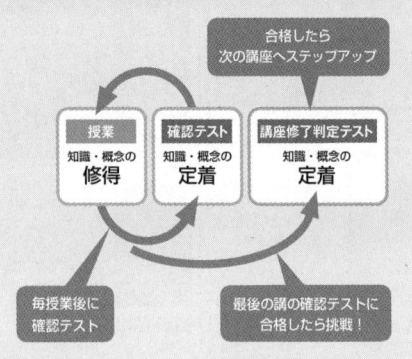

徹底的に学力の土台を固める

高速マスター 基礎力養成講座

高速マスター基礎力養成講座は「知識」と「トレーニング」の両面から、効率的に短期間で基礎学力を徹底的に身につけるための講座です。英単語をはじめとして、数学や国語の基礎項目も効率よく学習できます。オンラインで利用できるため、校舎だけでなく、スマートフォンアプリで学習することも可能です。

現役合格者の声

早稲田大学 基幹理工学部
曽根原 和奏さん
東京都立 立川国際中等教育学校卒

演劇部の部長と両立させながら受験勉強をスタートさせました。「高速マスター基礎力養成講座」はおススメです。特に英単語は、高3になる春までに完成させたことで、その後の英語力の自信になりました。

東進公式スマートフォンアプリ
東進式マスター登場！
（英単語／英熟語／英文法／基本例文）

スマートフォンアプリでスキマ時間も徹底活用！

1）スモールステップ・パーフェクトマスター！
頻出度（重要度）の高い英単語から始め、1つのSTAGE（計100語）を完全修得すると次のSTAGEに進めるようになります。

2）自分の英単語力が一目でわかる！
トップ画面に「修得語数・修得率」をメーター表示。
自分が今何語修得しているのか、どこを優先的に学習すべきなのか一目でわかります。

3）「覚えていない単語」だけを集中攻略できる！
未修得の単語、または「My単語（自分でチェック登録した単語）」だけをテストする出題設定が可能です。
すでに覚えている単語を何度も学習するような無駄を省き、効率良く単語力を高めることができます。

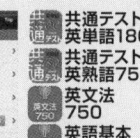

共通テスト対応 **英単語1800**
共通テスト対応 **英熟語750**
英文法 **750**
英語基本 例文 **300**

「共通テスト対応英単語1800」2023年共通テストカバー率99.8%！

君の合格力を徹底的に高める

志望校対策

第一志望校突破のために、志望校対策にどこよりもこだわり、合格力を徹底的に極める質・量ともに抜群の学習システムを提供します。従来からの「過去問演習講座」に加え、AIを活用した「志望校別単元ジャンル演習講座」、「第一志望校対策演習講座」で合格力を飛躍的に高めます。東進が持つ大学受験に関するビッグデータをもとに、個別対応の演習プログラムを実現しました。限られた時間の中で、君の得点力を最大化します。

現役合格者の声

京都大学 法学部
山田 悠雅くん
神奈川県 私立 浅野高校卒

「過去問演習講座」には解説授業や添削指導があるので、とても復習がしやすかったです。「志望校別単元ジャンル演習講座」では、志望校の類似問題をたくさん演習できるので、これで力がついたと感じています。

大学受験に必須の演習
■過去問演習講座
1. 最大10年分の徹底演習
2. 厳正な採点、添削指導
3. 5日以内のスピード返却
4. 再添削指導で着実に得点力強化
5. 実力講師陣による解説授業

東進×AIでかつてない志望校対策
■志望校別単元ジャンル演習講座

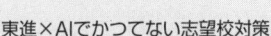

過去問演習講座の実施状況や、東進模試の結果など、東進で活用したすべての学習履歴をAIが総合的に分析。学習の優先順位をつけ、志望校別に「必勝必達演習セット」として十分な演習問題を提供します。問題は東進が分析した、大学入試問題の膨大なデータベースから提供されます。苦手を克服し、一人ひとりに適切な志望校対策を実現する日本初の学習システムです。

志望校合格に向けた最後の切り札
■第一志望校対策演習講座

第一志望校の総合演習に特化し、大学が求める解答力を身につけていきます。対応大学は校舎にお問い合わせください。

合格の秘訣③ **東進模試** **申込受付中**
※お問い合わせ先は付録7ページをご覧ください。

学力を伸ばす模試

▍本番を想定した「厳正実施」
統一実施日の「厳正実施」で、実際の入試と同じレベル・形式・試験範囲の「本番レベル」模試。
相対評価に加え、絶対評価で学力の伸びを具体的な点数で把握できます。

▍12大学のべ42回の「大学別模試」の実施
予備校界随一のラインアップで志望校に特化した"学力の精密検査"として活用できます(同日・直近日体験受験を含む)。

▍単元・ジャンル別の学力分析
対策すべき単元・ジャンルを一覧で明示。学習の優先順位がつけられます。

▍最短中5日で成績表返却　WEBでは最短中3日で成績を確認できます。※マーク型の模試のみ

▍合格指導解説授業　模試受験後に合格指導解説授業を実施。重要ポイントが手に取るようにわかります。

2023年度
東進模試 ラインアップ

共通テスト対策
- ▍共通テスト本番レベル模試 …… 全4回
- ▍全国統一高校生テスト（全学年統一一部門）（高2生部門）（高1生部門） 全2回

同日体験受験
- ▍共通テスト同日体験受験 …… 全1回

記述・難関大対策
- ▍早慶上理・難関国公立大模試 全5回
- ▍全国有名国公私大模試 全5回
- ▍医学部82大学判定テスト 全2回

基礎学力チェック
- ▍高校レベル記述模試（高2）（高1） 全2回
- ▍大学合格基礎力判定テスト 全4回
- ▍全国統一中学生テスト（全学年統一部門）（中2生部門）（中1生部門） 全2回
- ▍中学学力判定テスト（中2生）（中1生） 全4回

※ 2023年度に実施予定の模試は、今後の状況により変更する場合があります。
最新の情報はホームページでご確認ください。

大学別対策
- ▍東大本番レベル模試 …… 全4回
- ▍高2東大本番レベル模試 全4回
- ▍京大本番レベル模試 全4回
- ▍北大本番レベル模試 全2回
- ▍東北大本番レベル模試 全2回
- ▍名大本番レベル模試 全3回
- ▍阪大本番レベル模試 全3回
- ▍九大本番レベル模試 全3回
- ▍東工大本番レベル模試 全2回
- ▍一橋大本番レベル模試 全2回
- ▍神戸大本番レベル模試 全2回
- ▍千葉大本番レベル模試 全1回
- ▍広島大本番レベル模試 全1回

同日体験受験
- ▍東大入試同日体験受験 全1回
- ▍東北大入試同日体験受験 全1回
- ▍名大入試同日体験受験 全1回

直近日体験受験　各1回
- ▍京大入試直近日体験受験
- ▍北大入試直近日体験受験
- ▍阪大入試直近日体験受験
- ▍九大入試直近日体験受験
- ▍東工大入試直近日体験受験
- ▍一橋大入試直近日体験受験

2023年 東進現役合格実績
難関大グループ 現役合格 史上最高続出!

現役生のみ!講習生を含みます!

東大 現役合格 実績日本一 ※1 5年連続800名超!

※1 2022年の東大現役合格実績を公表している予備校の中で東進の853名が最大(2022年JDnet調べ)。

東大845名

文科一類	121名	理科一類	311名
文科二類	111名	理科二類	126名
文科三類	107名	理科三類	38名
		学校推薦	31名

現役合格者の36.9%が東進生!

東京大学 現役合格おめでとう!!

撮影時のみマスクを外しています。

東進生現役占有率 845 / 2,284
36.9%

全現役合格者(前期+推薦)に占める東進生の割合
2023年の東大全体の現役合格者は2,284名。東進の現役合格者は845名。東進生の占有率は36.9%、現役合格者の2.8人に1人が東進生です。

学校推薦型選抜も東進!

学校推薦型選抜現役占有率

東大31名 36.4%

現役推薦合格者の36.4%が東進生!

法学部	5名	薬学部	1名
経済学部	3名	医学部医学科の75.0%が東進生!	
文学部	1名		
教養学部	2名	医学部医学科	3名
工学部	10名	医学部	
理学部	3名	健康総合科学科	1名
農学部	2名		

医学部も東進 日本一 ※2 の実績を更新!!

※2 2022年の国公立医・医現役合格実績を公表している予備校の中で東進の1,032名が最大(2022年JDnet調べ)。

国公立医・医
1,064名 昨対+32名

2023年の国公立医学部医学科全体の現役合格者数は未公表のため、仮に昨年の現役合格者数(推定)を分母として東進生の占有率を算出すると、東進生の占有率は29.4%。現役合格者の3.4人に1人が東進生です。

東進生現役占有率 **29.4%**

1,064名 史上最高! 現役生のみ!講習生を含みます!
987 1,032 1,064
'21 '22 '23

早慶 5,741名 昨対+63名

| 早稲田大 | 3,523名 |
| 慶應義塾大 | 2,218名 |

5,741名 史上最高! 現役生のみ!講習生を含みます!
'21 '22 '23

上理 4,687名
昨対+394名

| 上智大 | 1,739名 |
| 東京理科大 | 2,948名 |

4,687名 史上最高! 現役生のみ!講習生を含みます!
'21 '22 '23

明青立法中
17,520名 昨対+492名

明治大	5,294名	中央大	2,905名
青山学院大	2,216名	立教大	2,912名
		法政大	4,193名

17,520名 史上最高! 現役生のみ!講習生を含みます!
'21 '22 '23

関関同立
13,655名 昨対+1,022名

関西学院大	2,861名
関西大	2,918名
同志社大	3,178名
立命館大	4,698名

13,655名 史上最高! 現役生のみ!講習生を含みます!
'21 '22 '23

私立医・医
727名 昨対+101名

727名 史上最高! 現役生のみ!講習生を含みます!
'21 '22 '23

日東駒専 10,945名 史上最高!
昨対+934名

産近甲龍 6,217名 史上最高!
昨対+132名

国公立大
17,154名 昨対+652名

17,154名 史上最高! 現役生のみ!講習生を含みます!
'21 '22 '23

旧七帝大 +東工大・一橋大・神戸大
4,703名 昨対+91名

東京大	845名
京都大	472名
北海道大	468名
東北大	417名
名古屋大	436名
大阪大	617名
九州大	507名
東京工業大	198名
一橋大	195名
神戸大	548名

4,703名 史上最高! 現役生のみ!講習生を含みます!
4,366 4,612 4,703
'21 '22 '23

国公立 総合・学校推薦型選抜も東進!

国公立医・医
318名 昨対+16名

318名 史上最高! 現役生のみ!講習生を含みます!
287 302 318
'21 '22 '23

旧七帝大 +東工大・一橋大・神戸大
446名 昨対+31名

東京大	31名
京都大	16名
北海道大	13名
東北大	120名
名古屋大	92名
大阪大	59名
九州大	41名
東京工業大	25名
一橋大	7名
神戸大	42名

446名 史上最高! 現役生のみ!講習生を含みます!
415 556 446
'21 '22 '23

2023年3月31日締切

付録 6

各大学の合格実績は、東進ネットワーク(東進ハイスクール、東進衛星予備校、早稲田塾)の現役生のみ、高3時在籍のみの合同実績です。一人で複数合格した場合は、それぞれの合格者数に計上しています。

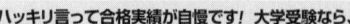

※2023年4月現在

MEMO

MEMO

MEMO

MEMO

MEMO

MEMO

MEMO

MEMO